乡村振兴之职业技能提升系列培训教材

安全生产

李 兵 刘来锁 马 峰 ◎ 主编

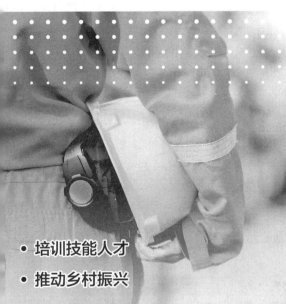

- 培训技能人才
- 推动乡村振兴

中国农业科学技术出版社

图书在版编目（CIP）数据

安全生产 / 李兵，刘来锁，马峰主编 . —北京：中国农业科学技术
出版社，2020.8

ISBN 978-7-5116-4959-1

Ⅰ . ①安… Ⅱ . ①李… ②刘… ③马… Ⅲ . ①农业生产-安全技术
Ⅳ . ①X954

中国版本图书馆 CIP 数据核字（2020）第 161619 号

责任编辑	贺可香
责任校对	马广洋

出 版 者	中国农业科学技术出版社
	北京市中关村南大街 12 号　邮编：100081
电　　话	（010）82106638（出版中心）（010）82109702（发行部）
	（010）82109709（读者服务部）
传　　真	（010）82106650
网　　址	http://www.CASTP.cn
经 销 者	各地新华书店
印 刷 者	北京富泰印刷有限责任公司
开　　本	880mm×1 230mm　1/32
印　　张	4.5
字　　数	110 千字
版　　次	2020 年 8 月第 1 版　2020 年 8 月第 1 次印刷
定　　价	26.00 元

《安全生产》
编委会

前　言

　　农村生产安全是我国安全发展、科学发展的重要内容，也是全面建设小康社会的基础和保障。近年来，各级各部门在农村安全上做了大量的工作，具体包括加大农村安全资金投入、建立健全农村安全生产责任制、构建农村安全管理网络等。

　　本书针对农民工的认知水平，阐述了安全基础、防范风险、现场作业安全、消防与用电安全、劳动防护、职业健康与安全、应急救援等内容。

　　本书具有较强的时代感，理论联系实际，语言通俗易懂，案例生动，实践性和可操作性都比较强，容易学习和掌握，适合于职业技能短期培训使用。

编　者

目　录

第一章　安全基础

第一节　安全生产基本内涵

一、安全生产的定义

安全生产是指在生产经营活动中，为了避免造成人员伤害和财产损失而采取相应的事故预防和控制措施，以保证从业人员的人身安全和职业健康，保证生产经营活动得以顺利进行的相关活动。

一般意义上讲，安全生产是指在社会生产活动中，采取一系列安全保障措施，通过人、机、物料、环境、方法的和谐运作，有效消除或控制危险和有害因素，使生产过程在符合规定的物质条件下有序进行，使生产过程中潜在的各种事故风险和伤害因素始终处于有效控制状态，避免人身伤亡和财产损失等生产事故发生，保障人员安全与健康、设备和设施免受损坏、环境免遭破坏，使生产经营活动得以顺利进行的一种状态。

安全生产是生产与安全的统一，其宗旨是安全促进生产，生产必须安全。改善劳动条件，搞好安全工作，可以调动职工的生产积极性；减少职工伤亡和财产损失，无疑会促进生产的发展，可以增加企业效益；而生产必须安全，则是因为安全是生产的前提条件，没有安全就无法生产。

二、安全生产方针

我国的安全生产方针是"安全第一，预防为主，综合治理"。

（一）"安全第一"的含义

1. 劳动者的生命安全和职业健康第一。这是指在生产工作中，当人与物同时受到危险时首先要选择对人施救。

2. 生产的安全保护措施第一；生产条件安全化第一；危险因素的识别第一。

（二）"预防为主"的含义

1. 三不伤害原则：不伤害自己，不伤害别人，不被别人伤害。

2. 在作业前的准备工作中，控制违章违纪行为，加强对人的管理，加强对设备、工具及作业环境的管理。

3. 对职工进行经常性的安全教育和安全培训。

4. 作业中的劳动用品佩戴齐全。

（三）安全生产的三级教育

《中华人民共和国安全生产法》（以下简称《安全生产法》）中明确规定任何单位新员工入职前后都必须经过三级安全教育，如企业新职工必须进行厂级、车间、班组三级安全教育，在考试合格后才能独立操作。

三、安全生产的本质

安全生产的本质是在生产过程中预防各种事故的发生，确保国家财产和人民生命安全。

（一）安全生产本质的核心

保护劳动者的生命安全和职业健康是安全生产最根本、最深刻的内涵，是安全生产本质的核心。

（二）突出强调了最大限度的保护

所谓最大限度的保护，是指在当前经济社会所能提供的客观条件的基础上，尽最大的努力加强安全生产的一切措施，保护劳动者的生命安全和职业健康。

（三）突出了在生产过程中的保护

安全生产的以人为本，具体体现在生产过程中的以人为本。安全是生产的前提，安全又贯穿于生产过程的始终。二者发生矛盾时，生产必须服从安全，安全第一。

（四）突出了一定历史条件下的保护

一定历史条件是指在特定历史时期的社会生产力发展水平和社会文明程度，受一定历史发展阶段的体制、法制、政策、科技、文化、经济实力和劳动者素质等条件的制约，做好安全生产离不开这些条件。因此，立足现实条件，充分利用和发挥现实条件，加强安全生产工作，为最大限度保护劳动者的生命安全和职业健康提供新的条件、新的手段、新的动力。

第二节　安全生产管理知识

在安全生产管理"安全第一、预防为主、综合治理"的基本方针的规约下，形成了一定的管理体制和基本原则。

一、安全生产管理体制

目前我国安全生产监督管理的体制已形成综合监管与行业监管相结合、国家监察与地方监管相结合、政府监督与其他监督相结合的格局。

监督管理的基本特征具有权威性、强制性、普遍约束性。

监督管理的基本原则是坚持"有法必依、执法必严、违法必究"的原则，坚持以事实为依据、以法律为准绳的原则，坚持预防为主的原则，坚持行为监察与技术监察相结合的原则，坚持监察与服务相结合的原则，坚持教育与惩罚相结合的原则。

二、安全生产管理原则

（一）"以人为本"的原则

在生产过程中，要求必须坚持"以人为本"的原则。在生产与安全的关系中，安全必须排在第一位，一切以安全为重。必须预先分析危险源，预测和评价危险、有害因素，掌握危险出现的规律和变化，并采取相应的预防措施，将危险和安全隐患消灭在萌芽状态。

（二）"谁主管、谁负责"的原则

安全生产要求主管者也必须是责任人，要全面履行安全生产责任。

（三）"管生产必须管安全"的原则

工程项目各级领导和全体员工在生产过程中必须坚持在抓生产的同时抓好安全工作，实现安全与生产的统一。生产和安全形成一个有机的整体，两者不能分割更不能对立。

（四）"安全具有否决权"的原则

安全生产要求在对工程项目的各项指标考核、评优创先时，首先考虑安全指标的完成情况。安全指标没有实现，即使其他指标顺利完成，仍然无法实现项目的最优化，安全具有一票否决的作用。

（五）"三同时"原则

基本建设项目中的职业安全、卫生技术和环境保护等措施及设施，必须与项目主体工程同时设计、同时施工、同时投产使用。

（六）"四不放过"原则

若发生安全事故，对事故原因未查清不放过，当事人和群众没有受到教育不放过，事故责任者未受到处理不放过，防范措施未落实不放过。

（七）"五同时"原则

企业的生产组织及领导者在计划、布置、检查、总结、评比生产工作的同时，计划、布置、检查、总结、评比安全工作。

三、安全生产治本之策

1. 制订安全生产发展规划，建立和完善安全生产指标及控制体系。

2. 加强行业管理，修订行业安全标准和规程。

3. 增加安全投入，扶持重点煤矿治理瓦斯等重大隐患。

4. 推动安全科技进步，落实项目和资金。

5. 研究出台经济政策，建立、完善经济调控手段。

6. 加强教育培训，规范煤矿招工和劳动管理。

7. 加快立法工作。

8. 建立安全生产激励约束机制。

9. 强化企业主体责任，严格企业安全生产业绩考核。

10. 严肃查处责任事故，防范并惩治失职、渎职、官商勾结等腐败现象。

11. 倡导安全文化，加强社会监督。

12. 完善监管体制，加快应急救援体系建设。

四、安全生产法规制度

1. 应加强国家立法标准和政策，加强与国际接轨的认证标准，规范行业标准。

2. 要建立企业安全生产长效机制，坚持"以法治安"，用法律法规来规范企业领导和员工的安全行为，使安全生产工作有法可依、有章可循。

3. 坚持"以法治安"，必须"立法""懂法""守法"和"执法"。

4. 要依法进行安全检查、安全监督，维护安全法规的权威性。

5. 安全生产责任制是企业安全生产、劳动保护管理制度的核心，是以制度的形式明确规定企业内各部门及各类人员在生产经营活动中应负的安全生产责任，是企业岗位责任制的重要组成部分，也是企业最基本的制度。各级领导、职能部门、工程技术人员和岗位操作人员在劳动生产过程中对安全生产按层级落实安全责任，企业应逐级签订安全生产责任书，责任书要有具体的责任、措施、奖罚办法。

6. 安全生产是全员管理，必须"纵向到底，横向到边"。"纵向到底"就是生产经营单位从厂长、总经理直至每个操作工人，都应有各自明确的安全生产责任；各业务部门都明确自己职责范围内的安全生产责任，这体现了"安全生产，人人有责"的基本思想。"横向到边"分为四个层面，即决策层、管理层、执行层和操作层。

第二章　防范风险

第一节　安全色

安全色是根据人们对颜色的不同感受而确定的，安全色是表达"禁止""警告""指令"和"提示"等安全信息的颜色。我国《安全色》（GB 2893—2001）国家标准中规定了红色、黄色、蓝色、绿色四种颜色为安全色。

一、安全色

（一）红色

1. 红色表示禁止、停止、危险以及消防设备的意思。凡是禁止、停止、消防和有危险的器件或环境均应涂以红色的标记作为警示的信号。

2. 红色的使用导则：红色用于各种禁止标志；交通禁令标志；消防设备标志；机械的停止按钮、刹车及停车装置的操纵手柄；机器转动部件的裸露部分，如飞轮、齿轮、皮带轮等轮辐部分；指示器上各种表头的极限位置的刻度；各种危险信号旗等。

（二）黄色

1. 黄色表示提醒人们注意。凡是警告人们注意的器件、设备及环境都应以黄色表示。

2. 黄色的使用导则：黄色用于各种警告标志；道路交通标

志和标线；警戒标记，如危险机器和坑池周围的警戒线等；各种飞轮、皮带轮及防护罩的内壁；警告信号旗等。

（三）蓝色

1. 蓝色表示指令，要求人们必须遵守的规定。

2. 蓝色的使用导则：蓝色用于各种指令标志；交通指示车辆和行人行驶方向的各种标线等标志。

（四）绿色

1. 绿色表示给人们提供允许、安全的信息。

2. 绿色的使用导则：绿色用于各种提示标志；车间厂房内的安全通道、行人和车辆的通行标志、急救站和救护站等；消防疏散通道和其他安全防护设备标志；机器启动按钮及安全信号旗等。

二、对比色

对比色是指使安全色更加醒目的反衬色，包括白色和黑色。黑色用于安全标志的文字、图形符号和警告标志的几何边框；白色作为安全标志红色、蓝色、绿色的背景色，也可用于安全标志的文字和图形符号。

对比色搭配安全色使用，应符合以下规律，如表2-1所示。

表2-1　对比色

安全色	相应的对比色
红色	白色
黄色	黑色
蓝色	白色
绿色	白色

注：黑色和白色互为对比色

三、安全色与对比色的相间条纹

1. 红色与白色相间条纹表示禁止人们进入危险的环境。
2. 黄色与黑色相间条纹表示提示人们特别注意的意思。
3. 蓝色与白色相间条纹表示必须遵守规定的信息。
4. 绿色与白色相间条纹表示提示。

第二节 安全标志

安全标志是用以表达特定安全信息的标志，由图形符号、安全色、几何形状（边框）或文字构成。我国《安全标志及其使用导则》GB 2894—2008 国家标准中规定安全标志主要有禁止标志、警告标志、指令标志和提示标志四大类。

一、禁止标志

（一）含义
禁止标志是禁止人们不安全行为的图形标志。

（二）禁止标志基本形式及参数
禁止标志的基本形式是带斜杠的圆边框（图 2-1，表 2-2）。

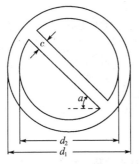

禁止标志基本型式的参数：
外径 d_1=0.025L；
内径 d_2=0.800d_1；
斜杠宽 c=0.080d_1；
斜杠与水平线的夹角 a=45°；
L 为观察距离

图 2-1　禁止标志的基本形式

表 2-2 禁止标志的尺寸 （m）

型号	观察距离（L）	图形标志的外径	三角形标志的外边长	正方形标志的边长
1	$0<L\leqslant2.5$	0.070	0.088	0.063
2	$2.5<L\leqslant4.0$	0.110	0.142	0.100
3	$4.0<L\leqslant6.3$	0.175	0.220	0.160
4	$6.3<L\leqslant10.0$	0.280	0.350	0.250
5	$10.0<L\leqslant16.0$	0.450	0.560	0.400
6	$16.0<L\leqslant25.0$	0.700	0.880	0.630
7	$25.0<L\leqslant40.0$	1.110	1.400	1.000

注：允许有3%的误差

二、警告标志

（一）含义

警告标志是提醒人们对周围环境引起注意，以避免可能发生危险的图形标志。

（二）警告禁止标志基本形式及参数

警告标志的基本型式是正三角形边框（图2-2）。

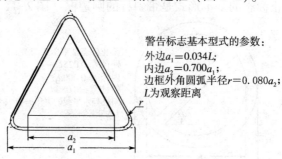

警告标志基本型式的参数：
外边$a_1=0.034L$；
内边$a_2=0.700a_1$；
边框外角圆弧半径$r=0.080a_2$；
L为观察距离

图 2-2 警告标志的基本型式

（三） 常见的警告标志

常见的警告标志的图形标志和名称。

三、指令标志

（一） 含义

指令标志是强制人们必须做出某种动作或采用防范措施的图形标志。

（二） 指令标志基本型式及参数

指令标志的基本型式是圆形边框（图2-3）。

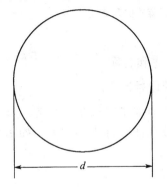

指令标志基本型式的参数：

直径d=0.025L；

L为观察距离

图2-3 指令标志的基本型式

（三） 常见的指令标志

常见的指令标志的图形标志和名称。

四、提示标志

（一） 含义

提示标志是向人们提供某种信息（如标明安全设施或场所等）的图形标志。

（二）提示标志基本型式及参数

提示标志的基本型式是正方形边框（图2-4）。

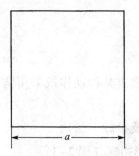

提示标志基本型式的参数：
边长a=0.025L，
L为观察距离

图2-4 提示标志的基本型式

（三）常见的提示标志

常见的提示标志的图形标志和名称。

（四）提示标志的方向辅助标志

提示标志提示目标的位置时要加方向辅助标志。按实际需要指示左向时，辅助标志应放在图形标志的左方；如指示右向时，则应放在图形标志的右方。

（五）文字辅助标志

文字辅助标志的基本型式是矩形边框。文字辅助标志有横写和竖写两种形式。

第三章 现场作业安全

第一节 建筑施工事故预防

一、高处作业事故预防

（一）高处作业和特殊高处作业

凡在坠落高度基准面 2m 以上（含 2m），有可能坠落的高处进行的作业均称为高处作业。

特殊高处作业包括下列 8 种。

1. 在阵风风力六级（风速为 10.8m/s）以上的情况下进行的高处作业，称为强风高处作业。

2. 在高温或低温环境下进行的高处作业，称为异温高处作业。

3. 降雪时进行的高处作业，称为雪天高处作业。

4. 降雨时进行的高处作业，称为雨天高处作业。

5. 室外完全采用人工照明进行的高处作业，称为夜间高处作业。

6. 在接近或接触带电体进行的高处作业，称为带电高处作业。

7. 在无立足点或无牢靠立足点的条件下进行的高处作业，称为悬空高处作业。

8. 对突然发生的各种灾害事故进行抢救的高处作业，称为抢救高处作业。

（二）高处作业事故的防范对策

1. 体弱、年老人员以及有恐高症者，不能从事高处作业。

2. 遇到六级以上强风、大雾、雷雨等恶劣气候，露天场所不能登高；夜间登高要有足够的照明。

3. 作业前应检查登高用具是否安全可靠。不得借用设备构筑物、支架、管道、绳索等非登高设施作为登高工具。

4. 高处作业必须与高压电线保持安全距离或采取相应的安全防护措施。

5. 在高处作业时应戴好安全帽，并系好帽带。要系好安全带，扣好安全绳，安全绳要高挂低用，切忌低挂高用。

6. 在高处不得扔物，大件工具需拴牢，防止掉落；地面监护人或指挥人，应和登高者统一联络信号，下方应设围栏，禁止无关人员进入。如必须交叉作业，上下须设可靠隔离措施或警戒线。

7. 在石棉瓦上作业时，应用固定跳板或铺瓦梯；在屋面斜坡、坝顶、吊桥、框架边沿及设备顶上等立足不稳处作业时，应搭设脚手架、栏杆或安全网。

8. 高处预留孔、起吊孔的盖板或栏杆不得任意移动或拆除，禁止在孔洞附近堆物。如因检修必须移去时，应有防护措施，施工完毕后及时复原。

9. 脚手架等登高设施必须牢固可靠，应有专人维护。使用前应认真检查。

10. 长梯、人字梯使用前要检查梯身有无缺陷，梯子下脚要有防滑措施；梯子的摆放角度要适当（不大于 60°且不小于 45°）；登梯时，下面要有人扶住，作业时人体的重心不能外倾；梯子不能放在不稳固的物体上；作业前，人字梯的中间要用绳子拴牢。

（三）洞口作业及防护措施

洞与孔边口旁的高处作业，包括施工现场及通道旁深度在 2m 及 2m 以上的桩孔、人孔、沟槽与管道、孔洞等边缘上的作业称为洞口作业。

施工现场因工程和工序需要而产生洞口，常见的有楼梯口、电梯井口、预留洞口、井架通道口，这就是常称的"四口"。

楼板、层面和平台等处的洞口，根据具体情况采取设防护栏杆、加盖件、张设安全网或装栅门等措施。

（1）边长为25～50cm的洞口，用坚实的木板盖，盖板应能防止挪动移位，并有标识。

（2）边长为50～150cm的洞口，四周设防护栏杆，用密目式安全网围挡，必要时也可在底部横杆下沿设置严密固定的、高度不低于20cm的踢脚板。

（3）边长大于150cm的洞口，除应根据（2）条设置防护外，洞口处还应张设安全网。

（4）电梯井的防护。应设置固定栅门，栅门的高度为175cm，安装时离楼层面5cm，上下必须固定，门栅网格的间距不应大于15cm。同时电梯井内应每隔两层设一道安全网。

高度不超过10m的墙面等处的洞口，要设置固定的栅门，其安装方法与电梯井一样。

二、施工作业安全要求

（一）瓦工作业安全要求

1. 作业前应首先搭设好作业面，在作业面上操作的瓦工不能过于集中。为防止荷载过重及倒塌，堆放材料要分散且不能超高。

2. 砌砖使用的工具应放在稳妥的地方，斩砖应面向墙面，工作完毕应将脚手板和墙上的碎砖、灰浆清扫干净，防止掉落伤人。

3. 山墙砌完后应立即安装桁条或加临时支撑，防止倒塌。

4. 在屋面坡度大于25°时，挂瓦必须使用移动板梯，板梯必须有牢固的挂钩，没有外架子时檐口应搭防护栏杆和防护立网。

5. 屋面上瓦应两坡同时进行，保持屋面受力均衡。屋面无望板时，应铺设通道，不准在桁条、瓦条上行走。

（二）抹灰工作业安全要求

1. 操作前检查架子和高凳是否牢固，且跨度应小于2m。在架上操作时，同一跨度内作业不应超过两人。

2. 室内抹灰使用的木凳、金属支架应平稳牢固，架子上堆放材料不得过于集中。

3. 不准在门窗、暖气件、洗脸池等器物上搭设脚手架。在阳台部位粉刷，外侧必须挂设安全网，严禁踩踏脚手架的护栏和阳台栏板。

4. 进行机械喷灰喷涂时，应戴防护用品，压力表、安全阀门应灵敏可靠，管路摆放顺直，避免折弯。

5. 贴面使用预制件、大理石、瓷砖等，应边用边运。待灌浆凝固后方可拆除临时支撑。

6. 使用磨石机，应戴绝缘手套、穿胶靴，电源线不得破皮漏电。

（三）木工作业安全要求

1. 木工支模拆模安全要求

（1）模板支撑不得使用腐朽、扭裂、劈裂的材料。顶撑要垂直，低端平整坚实，并加垫木。木楔要钉牢，并用横顺拉杆和剪刀撑拉牢。

（2）采用桁架支模应严格检查，发现严重变形、螺栓松动等应及时修复。

（3）禁止利用拉杆、支撑攀登上下。

（4）支设4m以上的立柱模板时，四周必须有支撑。不足4m的，可使用马凳操作。

（5）拆除模板应按顺序分段进行，严禁猛撬、硬砸或大面积撬落和拉倒。拆下的模板应及时运送到指定地点集中堆放，防止钉子扎脚。

（6）拆除薄梁、吊车梁、桁架预制构件模板，应随拆随加顶撑支牢，防止构件倾倒。

2. 木工进行木构件安装时的安全操作规定

（1）按《建筑施工高处作业安全技术规范》的规定，在坡度大于 1∶2.2 的屋面上操作，防护栏杆应高 1.5m，并加接安全网。

（2）木屋架应在地面拼装。必须在上面拼装的应连续进行，中断时应设临时支撑。屋架就位后，应及时安装脊檩、拉杆或临时支撑。

（3）在没有望板的屋面上安装石棉瓦，应在屋架下弦设安全网或有防滑条的脚手板操作。严禁在石棉瓦上行走。

（4）安装两层楼以上外墙窗扇，外面如没安设脚手架或安全网的，应挂好安全带。

（5）不准直接在板条天棚或隔音板上行走及堆放材料。

（6）钉户檐板，严禁在屋面上探身操作。

（四）钢筋工作业安全要求

1. 拉直钢筋时，卡头要卡牢，地锚要结实牢固，拉筋沿线 2m 区域内禁止行人，人工绞磨拉直，缓慢松，不得一次松开。

2. 展开盘圆钢筋时，要卡牢一头，防止回弹。

3. 人工断料和打锤要站成斜角，注意甩锤区域内的人和物体。切断小于 30cm 的短钢筋，应用钳子夹牢，禁止用手把扶。

4. 在高处、深坑绑扎钢筋或安装骨架，或绑扎高层建筑的圈梁、挑檐、外墙、边柱钢筋，除应设置安全设施外，绑扎时还要挂好安全带。

5. 绑扎立柱、墙体钢筋时，不得站在钢筋骨架上或攀登骨架上下。

（五）架子工作业安全要求

1. 建筑登高架设作业包括的操作项目：一是建筑脚手架、

提升设备、高空吊篮等的拆装；二是起重设备拆装。

2. 建筑登高架设作业人员，应熟知本作业的安全技术操作规程，严禁酒后作业和作业中玩笑戏闹，禁赤脚，禁穿硬底鞋、拖鞋和带钉鞋等，穿着要灵便。

3. 必须正确使用个人防护用品及熟知"三宝"（安全帽、安全网、安全带）的正确使用方法。

4. 架子工在高处作业时必须有工具袋，防止工具坠落伤人。

5. 架子工在高处作业时使用的材料、工具，必须由绳索传递，严禁抛掷。

6. 架子工安全操作应遵守的"十二道关"包含以下内容：

（1）人员关。有高血压、心脏病、癫痫病、晕高、视力不好等不适合做高处作业的人员，未取得特种作业上岗操作证的人员，均不得从事架子高空作业。

（2）材质关。脚手架所需要用的材料、扣件等必须符合国家规定的要求，经过验收合格才能使用，不合格的决不能使用。

（3）尺寸关。必须按规定的立杆、横杆、剪刀撑、护身栏等间距尺寸搭设，上下接头要错开。

（4）地基关。土壤必须夯实，立杆再插在底座上，下铺5cm厚的跳板，并加绑扫地杆，要能排出雨水。高层脚手架基础要经过计算，采取加固措施。

（5）防护关。作业层内侧脚手板与墙距离不得大于15cm；外侧必须搭设两道护身栏和挡脚板，挡脚板绑扎牢固严密，或立挡安全网下口封牢。10m以上的脚手架，应在操作层下一步架搭设一层脚手板，以保证安全。如因材料不足不能设安全层时，可在操作层下一步架铺设一层安全网，以防坠落。

（6）铺板关。脚手板必须满铺、牢固，不得有空隙、探头板和飞跳板。要经常清除板上杂物，保持清洁平整，操作层有坡度的，脚手板必须和小横拉杆用铅丝绑牢。

（7）稳定关。必须按规定设剪刀撑。必须使脚手架与楼层墙体拉接牢固，拉结点设置距离为垂直 4m 以内，水平 6m 以内。

（8）承重关。荷载不得超过规定，在脚手架上堆砖，只允许单行侧摆三层。

（9）上下关。工人安全上下、安全行走必须走斜道和阶梯，严禁施工人员翻爬脚手架。

（10）雷电关。脚手架高于周围避雷设施的必须安装避雷针，接地电阻不得大于 10Ω。在带电设备附近搭拆脚手架时应停电进行。或者遵守下列规定：严禁跨越 35kV 及以上带电设备；1kV 及以下，水平和垂直距离不应小于 4m；1～10kV 的，为 6m。

（11）挑别关。对特殊架子的挑梁、别杆是否符合规定，必须认真检查和把关。

（12）检验关。架子搭好后必须经过有关人员检查验收合格才能上架操作。要加强使用过程中的检查，分层搭设、分层验收和分层使用，发现问题及时加固。大风、大雨、大雪后也要认真检查。

（六）施工现场机动车驾驶员安全要求

1. "十慢"

起步慢、转弯慢、下坡慢、倒车慢、过桥慢、交会车慢、交叉路口慢、视线不良慢、雨雪路滑慢、挂有拖车慢。

2. "十不准"

不准超载、不准抢挡、不准高速行驶、不准酒后驾驶、开车时不准吃东西、开车不准与他人谈话、人货不准混装、视线不清不准倒车、不准非驾驶人员开车、行驶中不准跳上跳下。

3. "十不开"

车辆有故障不开车、车门不关好不开车、人没坐稳不开车、货物没有装好不开车、跳脚板上站人不开车、翻斗不装好不开车、装运货物超高超长没有安全措施不开车、装运危险品违反安全标准不开车、"三照"不全不开车、学员没有教练带领不开车。

4. "七好"

刹车好、灯光好、喇叭好、信号标志好、车辆保养好、规程规则遵守好、安全措施执行好。

第二节　机械工业的职业危害及其预防

机械制造工业的范围很广，包括各种机器、运输机械、重型机械、机床工具、农业机械、船舶、飞机及精密仪器等。机械制造工业的劳动条件包括机械制造工业各基本车间的生产工艺过程。

一、铸造车间的职业危害及其预防

铸造车间的整个生产过程可分为以下几个阶段：炉料及型砂的准备，熔炼金属，造型，将熔融的金属浇注到铸型中，打箱，由铸型中取出铸件，清理和修整铸件。

铸造车间会存在生产性粉尘。铸造所用原料（砂、陶土、黏土、煤粉等）均含有游离二氧化硅，在型砂调制、造型、打箱和清理等过程中均有粉尘发生。

铸造车间有高温和热辐射。铸造车间的加热炉、干燥炉、熔化的金属和铸件都是热源，在熔炼和浇铸过程中，均可产生强烈的热辐射使车间温度升高。

铸造车间也有有害气体。在金属熔炼与浇铸过程中，可产生一氧化碳；用脲甲醛树脂作型芯黏结剂时，能产生甲醛和氨；在熔模铸造时，会产生大量氨。

此外，铸铜车间在熔铜时，有锌的蒸汽逸出，可引起铸造热。铸造车间压力铸造时，使用造型机和捣固机；清砂时，使用风动工具和砂轮，这些均可产生强烈的噪声和振动。通常，铸造车间的工伤率一般高于本企业的其他车间，主要是因为化铁炉出铁水、相电炉出钢水以及金属浇铸和打箱时的特殊劳动条件所致。外伤中，主要是烫伤和机械伤。

铸造车间的职业卫生预防措施包括：铸造用铁砂代替硅砂清理铸件；应用水爆清砂和水力清砂；机械化减少人工操作；密闭除尘；防暑降温措施；设立合理的干燥室、通风装置等，防止一氧化碳中毒；防震措施等。

二、锻造车间的职业危害及其预防

锻造车间的生产过程是将金属预先加热至 $800 \sim 1\,200℃$，在小型或旧式车间用锻炉，在现代化车间用加热炉，然后利用各种锻锤或液压机将钢块或钢锭锻压成一定的形状。一般大锻件用蒸汽锤、压缩空气锤或水压机等锻压，小锻件用手锤。

其涉及的主要职业危害因素有：高温和热辐射；有害气体，如锻炉或加热炉产生的一氧化碳、二氧化硫等气体；噪声与振动，因使用各种锻锤而产生极大的噪声和振动，工龄较长的工人可能发生职业性耳聋；繁重的体力劳动和外伤。

因此，应加强锻造车间通风，首先应充分利用有组织的自然通风；其次，在锻炉或加热炉上，安装局部自然抽出式通风，用空气淋浴或喷雾风扇向工作地带送风。在加热炉炉壁外面围上隔热材料，利用循环水围屏、水冷式炉门和水幕等，以便降低炉壁温度和防止辐射热。锻好的锻件及时运出车间，减少车间热源。

三、热处理车间的职业危害及其预防

热处理工艺主要是使金属零件在不改变外形的条件下，改变金属的性质（硬度、韧度、弹性、导电性等），达到工艺所要求的性能，从而提高产品质量。热处理包括淬火、退火和渗碳三种基本过程。

由于热处理车间内有各种加热炉和盐浴槽，这些热源可造成不良的高温条件。当利用高频电炉进行热处理后，劳动条件得到了改善，但高频电磁场本身也是一种职业病危害因素。氰浴槽可向车间空气中放散氰化物蒸汽，应在槽上安排气罩或槽边抽风装置。

四、机械加工车间的职业危害及其预防

机械加工车间的生产过程是用各种机床（车、刨、钻、磨、铣等）对金属零件进行机械加工。机械加工车间的气象条件较其他车间要好，也没有大量的有害气体排出。主要是金属切削中使用的矿物油及切削液对工人的影响。因机床高速转动，切削液四溅，易污染皮肤，可引起毛囊炎及粉刺。为防止切削液所致的皮肤病，应以水乳剂或肥皂水代替矿物油。在机械加工过程中，有金属和矿物性粉尘发生，天然磨石含有大量游离二氧化硅，故可能引起硅肺。机械加工车间应有合理的照明。

五、装配车间的职业危害及其预防

装配的生产过程是将加工后的各种零部件装配成产品。常见的是钳工对加工零部件的锉、剖等操作。在现代化生产中，此过程往往以流水线方式进行。装配车间常配有焊接、电镀和涂装等作业。

（一）主要职业危害因素

1. 粉尘

电焊时发生分散度极高的粉尘，其主要成分是氧化铁，使用含锰焊条时空气中还含有大量氧化锰，此外还含有氟化物等。长期吸入这类有害物质可发生中毒，长期在密闭状态下操作（如船舱式锅炉）吸入高浓度的电焊粉尘可发生电焊工尘肺。

2. 有害气体和蒸汽

喷漆时，可发生苯、甲苯和二甲苯蒸汽和雾。电镀时，有硫酸雾以及铬和镍的酸雾，如用金属的碱性铬盐类能产生氰化氢。氩弧焊和等离子焊接时，可产生臭氧和氮氧化物。气焊时，可产生一氧化碳和氮氧化物，在锅炉内电焊时空气中的一氧化碳浓度可能很高。

3. 紫外线

电焊时，能发生强烈的紫外线，波长多为 218~310nm，气焊时的紫外线强度较弱，但如不注意防护，可发生电光性眼炎。

（二）主要预防措施

为防止装配生产过程的职业危害，焊接时应用自动焊机代替手工焊，在工艺许可的条件下，采用含锰少或不含锰的焊条。电焊工应佩戴镶有深色滤光板电焊面罩，以防紫外线的伤害。在密闭场所内进行电焊时，应保证送入足量的新鲜空气或设置抽风装置等。为防止喷漆作业发生中毒，主要是选用无毒或毒性小的有机溶剂代替苯。为防止电镀时发生中毒，可采用无氰电镀、无铬电镀新工艺，安装抽风装置及采用其他劳动保护措施。

第三节　建筑材料工业的职业危害及其预防

建筑材料行业种类繁多，有水泥厂、石棉厂、玻璃厂、耐火材料厂、建筑陶瓷厂、矿物纤维厂、石材厂等。建材行业中主要的职业病危害是粉尘及不良气象条件（高温、辐射热）、噪声和振动，体力劳动强度也较大。现选择几个有代表性的生产过程阐述如下。

一、水泥厂的职业危害及其预防

水泥的种类很多，常用的有普通硅酸盐水泥、矿渣硅酸盐水泥、火山灰质硅酸盐水泥等，此外还有特殊用途的耐酸水泥、筑坝用水泥等。随品种不同，原料也有所差别，主要有石灰石、黏土、火山泥、页岩、铁粉、煤炭、矿渣、石膏、硅藻土等。生产方法有湿法、干法两种。干法与湿法的区别，主要是原料的加工处理方法不同。干法是石灰石粉碎后，要同黏土、铁粉、煤等原料经过烘干、配料后进入细磨。湿法时则不需要烘干，将原料加水磨成泥浆，泵入原料池，再送入窑中烧成。烧成设备有立窑、回转窑之分。

（一）主要职业危害因素

1. 粉尘

从原料粉碎、细磨、烧成、成品水泥细磨、水泥成品包装、运出等所有的设备和运输系统都产生粉尘，我国已将水泥尘肺列入职业病名单。

2. 高温和辐射热

主要存在于烧成车间。

3. 噪声和振动

存在于整个生产过程中。

（二）职业危害因素的预防

1. 密闭防尘

生产技术的革新，生产流程的合理化，生产设备的密闭化。

2. 防暑降温

水泥厂的高温作业主要在煅烧和烘干作业中，可因地制宜地采取隔热自然通风和局部通风等措施。

3. 噪声治理

主要是搞好各种产生振动、噪声设备的防振和隔声措施，如粉碎机的防振基础，鼓风机的防振和消声装置等。

二、陶瓷厂的职业危害及其预防

陶瓷产品可分为陶器与瓷器两类，按用途可分为日用陶瓷（碗、碟、盘、缸、罐等）、建筑陶瓷（地砖、锦砖、陶管等）、电工陶瓷（电瓷瓶、电瓷元件等）。产品不同所用原料也有区别，无论是陶还是瓷，主要的原料是性能各异的黏土，但瓷器的生产中除了可塑性原料各种黏土之外，尚有非可塑原料石英、长石以及辅助性原料石膏、滑石、白云石、石灰石等。各种陶瓷产品的生产基本上都是将粉碎的原料加水搅拌成可塑性的泥坯，成形后烧成各种产品。各种陶瓷产品的生产过程虽大同小异，但职业危害却有差别，陶瓷生产中的主要职业危害因素是粉尘，其次是高温、辐射热。陶瓷工业中的防尘措施：坯料、匣料、轴料湿法生产；不能湿法生产的粉碎或散发粉尘的设备采取密闭、通风、除尘措施；成形、精修等作业点采用局部通风、吸尘、除尘设备；要健全卫生清洁制度，消灭二次扬尘。

第四节 纺织工业的职业危害及其预防

纺织工业是将纺织纤维加工成各种纱、丝、线、绳、织物及其染整制品的工业，主要有棉纺织、毛纺织、麻纺织、丝纺织、合成纤维纺织及针纺织和纺织复制等工业。纺织行业存在着车间不良气象条件、粉尘、噪声、不良照明等多种职业性危害因素的共性问题，但因加工纤维的不同也有些特殊性问题，所引起的相关职业病类型亦较多。

一、主要职业危害因素及来源

（一）纺织尘埃

纺织尘埃是在对各种纤维材料进行采集、分级、机械加工和运输时所产生。其中包括：

1. 有机尘埃

包括植物、动物和合成尘埃，主要有纤维断头、棉籽壳、茸毛、真菌、麻屑等。

2. 矿物尘埃

由细小的矿物类颗粒组成，它们是在纤维原料收获储藏和运输时落到纤维上的，有时还带有染料颗粒。

（二）噪声

噪声是棉纺织业主要的职业性危害因素，长期从事纺织作业的工人可发生听力损伤，这是困扰纺织业的主要职业危害。

（三）高温、高湿

因产品质量需要，夏季纺织车间温度常达35℃以上，相对湿度60%左右。尤其是浆纱车间，夏季相对湿度可达80%以上。而印染为湿态加工过程，水洗、气蒸、煮漂、烘燥等工艺温度参数均在100℃，焙烘、热熔、染色等温度参数在200℃，车间密布以蒸汽和燃油为主的供热导管、网管和设备。因而纺织和印染车间是典型的高温、高湿作业。

（四）化学毒物

纺织品加工中常常使用各种各样的染料以及助剂。染料按性能分类分为直接染料、活性染料、酸性染料、阳离子染料、不溶性偶氮染料、分散染料、还原染料、硫化染料、缩聚染料和荧光增白剂等；按化学结构分类主要有偶氮染料、蒽醌染料、靛族染料、芳甲烷染料等。

助剂是除染料之外的另一大类化学物质，共 29 个大门类，近 1 000 个品种，其中 80% 是表面活性剂，20% 是功能性助剂。某些整理剂含有铅化合物、锰化合物、氨、甲苯、二甲苯、四氯化碳、二甲基甲酰胺、硫酸、乙醇、醋酸乙酯、环氧树脂等；有些助剂又是强酸、强碱。

（五）特殊体位

长时间站立劳动是纺织工人工作的主要特点，双腿活动相对处于"静止"状态。这种特殊的体位，容易造成下肢静脉曲张、双脚水肿等。长期站立工作还可由于双足的负荷过重，足部韧带容易受到损伤并逐渐拉长，使跗骨发生移位，足弓下沉，形成扁平足，引起足部疾患。另外，女工保健应该是纺织工业特别值得关注的职业卫生问题。

（六）其他

原毛中可能含有炭疽杆菌和布鲁斯杆菌。原棉在贮存过程中发生霉变后，都沾有黑曲霉菌、桔青霉菌等有害毒菌。

二、主要防护措施

（一）加快纺织设备的更新改造

应用全封闭清梳联机组，使作业场所的粉尘浓度明显降低。此外，也可应用无梭织机降低作业场所的噪声声级。

（二）用无毒和低毒染化料代替高毒染化料

如应用新型环保染化料和助剂，用无毒或低毒的代替高毒的物质，限制使用或禁用具有致癌作用和对人体产生有害作用的染料和助剂。

（三）加强作业场所通风

工业通风是作业场所通风、防尘、排毒、防暑降温，控制车间粉尘有害气体和改善劳动环境微小气候的重要卫生技术措施。

（四）个人防护用品的使用

正确使用个人防护用品是防护的关键，包括操作者正确使用护耳器，佩戴合适的防护口罩，穿防止静脉曲张的裤子预防下肢静脉曲张。

第五节　冶金行业的职业危害及其预防

一、焦化厂的职业危害及其预防

（一）主要职业病危害因素

该产业是环境污染和职业病危害最严重的行业之一，其中焦炉是炼焦工业职业病危害最集中的部位，又以炉顶间台最为严重，不仅存在数百种毒物，还存在苯、焦炉逸散物及多环芳烃类致癌物及氰化氢、硫化氢、氨气等十多种高毒物质，可能发生的法定职业病多达十几种。炼焦与焦化工业存在的职业病危害因素大体可分为以下四类。

1. 化学毒物

可能存在的化学毒物有一氧化碳、氰化氢、硫化氢、氨、二硫化碳、苯系物、苯酚以及多种多环芳烃类等。化学毒物存在于焦炉及煤气净化工作场所的每个角落，以焦炉间台荒煤气危害、脱硫脱氰工作场所硫化氢和氰化氢危害、氨水泵房与蒸氨工作场所的氨气危害、脱苯与苯精馏等岗位的苯危害最为严重；皮带维修工可能接触胶黏剂中的苯系物等有机溶剂。

2. 粉尘类

粉尘类职业病危害因素主要有煤尘、焦炭尘、煤烟尘、焦油烟雾等，主要存在于焦炉炉顶间台、粉煤室、筛焦室等工作场所。

3. 物理因素

可能存在的物理因素有噪声、振动和高温。

噪声主要存在于卸煤、配煤、破碎、运煤、炉顶装煤、扫盖、测炉温、出炉、推焦、栏焦、熄焦等工序以及鼓风机、空压机、制冷机、各类工业泵、振动筛等设备。

振动主要存在于破碎机、振动筛、鼓风机、推焦、栏焦、熄焦、装煤等处。

较多场所存在强辐射热，以焦炉炉盖处温度和热辐射强度最大，其次是出炉、上升管、装煤焦车、栏焦车等。

4. 焦炉逸散物

从焦炉逸出的气体、蒸汽和烟尘统称为焦炉逸散物。焦炉逸散物主要存在于炉顶装煤、扫盖、测炉温、出炉、推焦、栏焦、熄焦等工序。在实际工作中所测焦炉逸散物浓度大体可反映多环芳烃类的污染水平。

（二）主要职业危害防护措施

1. 防尘防毒措施

（1）在项目设计工艺选择方面，选用全负压净化系统可有效地减少煤气泄漏带来的职业病危害与火灾等安全事故；选用无烟加煤工艺可有效地减少焦炉逸散物的排放与对工作场所的污染；选用干法熄焦工艺可避免湿法熄焦对工作场所与环境的污染。

（2）备煤系统设计喷雾降尘装置和地面冲洗系统，可有效地发挥降尘作用和减少二次扬尘，原料煤粉碎室布置布袋除尘系统，可控制原料煤粉碎过程中产生的煤尘污染。

（3）对可能产生急性职业中毒事故的场所安装毒物报警器，并设置警示标识。

（4）为作业人员配备个人防尘防毒用品。

2. 防噪声措施

噪声是焦化工业另一重要职业病危害因素。

（1）对粉煤机、煤气鼓风机、空压机、筛焦装置等产生高强度噪声设备采取降噪措施，应在工艺选择和设备采购时优先考虑噪声危害较小的工艺路线和设备。

（2）对集控室和各岗位操作室进行隔声处理。

（3）为作业人员配备个体噪声防护用品。

3. 防暑降温措施

焦炉炉顶间台属高温露天作业场所，是夏日防暑降温工作的重点。

（1）夏日高温季节应供应含盐清凉饮料。

（2）采取轮换作业的工作制度。

二、炼钢（铁）厂的职业危害及其预防

（一）主要职业危害因素及来源

1. 化学毒物

高炉熔炼过程中产生的化学毒物有一氧化碳、二氧化碳、二氧化氮、二氧化硫、二氧化锰、砷、铅烟等，若矿石中含有氟化物，冶炼时还可能有氟化物的污染。

2. 粉尘类

主要来源于供料过程中铁矿石输送产生的铁矿石尘；助熔剂、焦炭通过给料机、振动筛、称量、皮带机运输、加料等工序分别产生石灰尘、焦炭尘等粉尘；出铁、出渣、渣处理操作过程中产生金属烟尘；设备维修人员可能接触耐火材料尘等。

3. 物理因素

可能存在的物理因素有噪声、高温。供料过程中给料机、振动筛、称量斗、皮带机等设备产生噪声；热风炉系统富氧压

缩机产生噪声；高炉熔炼过程及渣处理阶段可产生噪声；配套的供电供水维修系统产生的噪声等。高炉本体在熔炼过程中产生高温、热辐射，另外出铁口、渣处理过程的熔渣入口处亦存在高温危害。

（二）主要职业病危害防护措施

1. **防尘措施**

（1）密闭尘源是一种防止操作人员与粉尘接触的隔离措施，并能缓冲含尘气流的运动、消耗粉尘飞扬的能量、减少粉尘的外逸，为除尘创造良好的条件。国内外所采用的密封形式有封罩、风膜（或叫气膜）、水膜、垂幕。

（2）湿式除尘，即在产生粉尘的场所设置喷水装置和冲洗地面的设施。

（3）设置抽风除尘设施。

（4）高炉区附近的辅助设施室内建筑物一般设置正压送风，室外新风经过滤器处理后送入室内。

（5）配备个人防尘用品。

2. **防毒措施**

（1）现代化的炼铁厂工艺过程采用远程计算机控制系统新技术，操作主要在计算机室、控制室及专用操作台进行。

（2）对可能发生泄漏的地点设置报警装置和机械通风换气设施等，并设置警示标识。

（3）配备个人防毒用品。

3. **防噪声措施**

（1）在工程设计阶段，尽量选用低噪声设备。

（2）产生噪声的风机集中布置在室外并采取减振措施，风机出口、鼓风机等设置消声器，也可设置专用的鼓风机房，或设置隔声罩等。

（3）配备个体噪声防护用品。

4. 防暑降温措施

（1）通过车间工房的防暑设计、有组织的自然通风和对炉体等热源采用保温、隔热等措施进行控制；对于室内温度要求不高且无人值班的场所，设置机械通风系统；高温作业区设局部通风降温移动风扇；主操作控制室、电气仪表室、计算机室等设置空调等。

（2）夏季对接触高温作业工人发放防暑降温饮料。

三、有色冶金工业的职业危害及其预防

（一）主要职业病危害因素及来源

由于有色金属及其化合物本身大多是有毒物质，铅、铜、锌、锡、锑等有色金属在烧结、焙烧、冶炼过程中产生大量的毒物烟尘，因此有色金属冶炼过程中职业中毒的发病率较高；除存在冶炼金属自身的职业病危害外，还存在伴生金属、非金属矿脉粉尘、生产过程中产生的有机或无机毒物、噪声、振动、高温和热辐射等职业病危害因素。

有色金属冶炼过程产生和使用大量有毒、有害和易燃易爆物质，如液态二氧化硫、液氯、煤气、氢气、氧气、重油及各种有机萃取剂等，这些物质危险性大，容易发生泄漏引起火灾和爆炸；镁、铝、钠、钾、钛等有色金属，其本身即是易燃易爆物质；冶炼过程大量使用的强酸、强碱等强腐蚀性物质。

有些元素，本身就是放射性元素，有些金属本身虽无辐射性危害，但其矿物中含有放射性元素，如铌精矿、钽精矿、锂精矿，对人体会造成危害。

（二）主要职业病危害防护措施

1. 防毒措施

（1）采用新工艺，实现机械化、自动化、密闭化生产。

（2）湿式作业，避免二次扬尘。

（3）设置通风除尘除毒装置。

（4）工作场所可能发生毒物泄漏的地方安装报警器、设置警示标识。

（5）配备个人防护用品，如防尘口罩、防毒口罩等。

2. 防噪声措施

（1）优先选用低噪声设备。

（2）对产生高噪声的设备采取减振、消声、隔声等措施。

（3）配备个人防护用品，如防噪声耳塞等。

3. 防暑降温措施

（1）在项目设计与工艺市局设计方面，尽量使操作工人远离热源；中央控制室、操作室、工人休息室等应安装冷暖空调。

（2）轮岗作业，减少接触时间。

（3）供应含盐饮料。

4. 其他措施

制定应急救援预案并加以演练，有毒气体可能聚集的地方应安装有毒气体报警仪，并设置事故通风和逃生设施，工作场所应设置醒目的中文警示标识，划定事故逃生通道，配备防毒面具等。

第六节　搬运、起重安全

一、搬运安全

在从事搬运工作中，碰伤、砸伤、扭伤、挤伤、拉伤是最容易发生的事故。大部分搬运事故都会引发背部肌肉扭伤或拉伤，用力不当或长时间用力、用力姿态不正确及过度的重复性动作是其引发的主要原因。在作业中，避免和减少伤害事故的发生，就要熟悉相应的安全知识。

二、起重安全

1. 穿戴好规定的劳动保护用具，并检查所需要的搬运工具是否良好、完整。

2. 货物必须放平、放稳。

3. 多人操作时必须有人统一指挥，密切配合。

4. 机动车辆通行道上不得放置货物或杂物，以保持道路畅通。

5. 货物码放要稳固、整齐码放。高度：毛坯不准超过 2m，木箱不准超过 2.5m，以防倒塌。

6. 搬运物品时，不要因抄近路而穿过危险区。

7. 开车时不可站或坐在容易转动和脱落的部件上，更不准将腿、脚和身躯伸出车厢外部。

8. 不可将货物卸在道路上，距离道路 1m 以外才可放置。

9. 不准用人背易燃物品或腐蚀性物品（硫酸、氢氧化钠等），并检查容器与箱子是不是稳固，防止液体外溢伤人。

10. 搬运的货物，如标明"小心轻放""不可倒置""防湿"等字样，应特别小心，不可大意，按标志要求装卸。

11. 使用撬棍时，要防止棍下垫块滑动，不要用力过猛，以防突然失手事故。

12. 搬运零散货物时，其高度不得超过直径的两倍。

13. 不要在包装好的货物上行走。

14. 在有毒、有害场所工作时，应认真执行该处的安全操作规程。

15. 工作完毕应将所有搬运工具放入工具房内，将现场清理干净，并检查现场是否有火种，经检查确无问题后，才能离开现场。

16. 搬运人员要按材料的不同性能组织搬运，防止材料在运输、装卸、搬运、交付过程中受到损坏或降低质量。

17. 作业应听从指挥，统一调度，严禁违章作业。

18. 作业前认真做好技术交底，6 级大风或雷雨天气不得进行起重搬运作业。

19. 作业结束前后要对现场的工具等进行整理。

20. 作业人员在施工中要加强互保和安全监督。

21. 严格执行"十不吊"的原则。即：被吊物重量超过机械性能允许范围不吊；信号不清不吊；吊物下方有人不吊；吊物上站人不吊；埋在地下物不吊；斜拉斜牵物不吊；散物捆绑不牢不吊；立式构件、大模板等不用卡环不吊；零碎物无容器不吊；吊装物重量不明不吊等。

22. 起吊离地 20~30cm，应停钩检查。检查内容包括起重机的制动、稳定性，吊物捆绑的可靠性，吊索具受力后的状态等。发现异常立即落钩，处理彻底后再起吊。

23. 吊物悬空后出现异常，指挥人员要迅速判断、紧急通告危险部位人员迅速撤离。指挥吊物慢慢落下，排除险情后才可再起吊。

24. 吊运中突然停电或机械发生故障，吊物不准长时间悬空。要指挥将重物缓慢落在适当的稳定位置并垫好。

第七节　急救和逃生

一、基本的急救技术

(一) 人工呼吸

人体的呼吸停止可立即危及生命，无论什么原因，都必须立即进行及时有效的人工呼吸，供应一定的氧气，排出二氧化碳，维持人体正常的呼吸功能。

(1) 拍打伤病患者的双肩，检查伤病患者有无意识。

(2) 若伤病患者没有反应则打 110 求救（说明联系电话、

事故现场的准确地址、伤员情形及人数)。

(3)打开伤病患者呼吸道;以压额举下巴方式打开呼吸道。

(4)使昏迷、失去知觉或假死状态的人仰卧,迅速解开其围巾、领扣、紧身衣扣并放松腰带。在其颈部下方可以适当垫起以利呼吸畅通,切不可在头部下方垫物。同时,还应再一次检查其是否已停止呼吸。

(5)把昏迷者的头侧向一边,清除其口腔中的假牙、血块、黏液等物。如舌根下陷,应把它拉出来,以便呼吸道畅通。如果受伤者牙关紧闭,可用小木片等坚硬物品从其嘴角插入牙缝,慢慢撬开嘴巴。

(6)使受伤者的头部尽量后仰,鼻孔朝天,下颌尖部与前胸部大体保持在一条水平线上。这样,舌根部就不会阻塞气道。

(7)救护人蹲跪在受伤者头部的左侧或右侧,一只手捏紧受伤者的鼻孔,另一只手的拇指和食指掰开受伤者嘴巴。如掰不开嘴巴,可用口对鼻人工呼吸法,即捏紧嘴巴,紧贴鼻孔吹气。

(8)深吸气后,紧贴掰开的嘴巴吹气。吹气时可隔一层纱布或毛巾。吹气时要使受伤者的胸部膨胀,每 5s 一次,每次吹 2s。

(9)吹气后,应立即离开受伤者的口(鼻),并使受伤者的鼻孔(或嘴唇)松开,让其自由呼吸。

(10)在人工呼吸的过程中,若发现受伤者有轻微的自然呼吸时,人工呼吸应与自然呼吸的节律一致。当自然呼吸有好转时,可暂停人工呼吸数秒并密切观察。若自然呼吸仍不能完全恢复,应立即继续进行人工呼吸,直至呼吸完全恢复正常为止。

(二)胸外心脏按压法

胸外心脏按压法是一种针对心跳停止的伤员,促使伤员心跳恢复的简易有效的急救方法;但在实际操作时必须尽早进行,才能得到理想的效果。

（1）使受伤者仰卧在比较坚实的地面或地板上，松开衣服，清除口内杂物，然后进行急救。

（2）救护人员蹲跪在受伤者腰部一侧，或跨腰跪在其腰部，两手相叠。将掌根部放在受伤者胸骨下 1/3 的部位，把中指尖放在其颈部凹陷的下边缘，即"当胸一手掌，中指对凹膛"，手掌的根部就是正确的压点。

（3）救护人两臂肘部伸直，掌根略带冲击地用力垂直下压，压陷深度 3~5cm，压出心脏里的血液。成人每秒钟按压一次，太快和太慢效果都不好。

（4）按压后，掌根迅速全部放松，让受伤者胸部自动复原，血又充满心脏。放松时掌根不必完全离开胸部。

按以上步骤连续不断地进行操作，每秒钟一次。按压时定位必须准确，压力要适当，不可用力过大过猛，以免挤压出胃中的食物，堵塞气管，影响呼吸，或造成肋骨折断、气血胸和内脏损伤等；也不能用力过小，而达不到挤压的作用。

用上述两种方法抢救时，一般需要很长时间，必须耐心地持续进行。应当指出，受伤者一旦呼吸和心脏均已停止跳动，应同时进行口对口（鼻）人工呼吸和胸外心脏按压。如果现场仅有一人救护，两种方法应交替进行，每次吹气 2~3 次，再挤压 10~15 次。进行人工呼吸和胸外心脏按压（人工氧合）急救，贵在坚持，即使在送往医院途中也不得中断。受伤后，假死达 6 小时，经过持久的抢救，也可能复活过来。

在进行人工呼吸和胸外心脏按压的过程中，如果发现受伤者皮肤由紫变红、口唇潮红、瞳孔由大变小，说明已见效果；当受伤者嘴唇稍有开合，眼皮活动或咽喉处有咽东西的动作，则应观察其呼吸和心脏跳动是否恢复。除非受伤者呼吸和心脏跳动完全恢复正常或是出现明显死亡综合症状（为瞳孔放大，对光照无反应，背部、四肢等部位出现红色尸斑，皮肤青灰，身体僵冷），且经医生诊断死亡时，方可终止救护。

(三) 止血与包扎

1. 常用的止血方法

人体在突发事故中引起的创伤,如割伤、刺伤、物体打击和碾伤等,常伴有不同程度的软组织和血管的损伤,造成出血症状。

常用的止血方法主要是压迫止血法、止血带止血法、加压包扎止血法和加垫屈肢止血法。

(1) 压迫止血法。这是一种最常用、最有效的止血方法,适用于头、颈、四肢动脉大血管出血的临时止血。当一个人负伤流血以后,只要立刻用手指或手掌用力压紧伤口附近靠近心脏一端的动脉跳动处,并把血管压紧在骨头上,就能很快起到临时止血的效果。

若头部前面出血时,可在耳前对着下颌关节点压迫额动脉。

头部后面出血时,应压迫枕动脉止血,压迫点在耳后乳突附近的搏动处。颈部动脉出血时,要压迫颈总动脉,此时可用手指按在一侧颈根部,向中间的颈椎横突压迫,但绝对禁止同时压迫两侧的颈动脉,以免引起大脑缺氧而昏迷。上臂动脉出血时,压迫锁骨上方,胸锁乳突肌外缘,用手指向后方第一根肋骨压迫。前臂动脉出血时,压迫肱动脉,用四个手指掐住上臂肌肉并压向臂骨。大腿动脉出血时,压迫股动脉,压迫点在腹股沟皱纹中点搏动处,用手掌向下方的股骨面压迫。

(2) 止血带止血法。适用于四肢大出血。用止血带 (一般用橡皮管、橡皮带) 绕肢体绑扎打结固定。上肢受伤可扎在上臂上部1/3处;下肢扎于大腿的中部。若现场没有止血带,也可以用纱布、毛巾、布带等环绕肢体打结,在结内穿一根短棍,转动此棍使带绞紧,直到不流血为止。在绑扎和绞止血带时,不要过紧或过松,过紧会造成皮肤或神经损伤;过松则起不到止血的作用。

（3）加压包扎止血法。适用于小血管和毛细血管的止血。先用消毒纱布或干净毛巾敷在伤口上，再垫上棉花，然后用绷带紧紧包扎，以达到止血的目的。若伤肢有骨折，还要另加夹板固定。

（4）加垫屈肢止血法。多用于小臂和小腿的止血，它利用肘关节或膝关节的弯曲功能，压迫血管达到止血目的。在肘窝或膝窝内放入棉垫或布垫，然后使关节弯曲到最大程度，再用绷带把前臂与上臂（或小腿与大腿）固定。

如果创伤部位有异物不在重要器官附近，可以取出异物，处理好伤口；如无把握就不要随便将异物取掉，应立即送医院，经医生检查，确定未伤及内脏及较大血管时，再取出异物，以免发生大出血。

2. 常用的包扎方法

外伤伤员经过止血后，要立即用急救包、纱布、绷带或毛巾等包扎起来。常用的包扎材料有绷带、三角巾、四头带及其他临时代用品（如干净的手帕、毛巾、衣物、腰带、领带等）。绷带包扎一般用于支持受伤的肢体和关节，固定敷料或夹板和加压止血等。三角巾包扎主要用于包扎、悬吊受伤肢体，固定敷料、固定骨折等。常用的包扎法有如下几种。

（1）头顶式包扎法。外伤在头顶部可用此法。把三角巾底边折叠两指宽，中央放在前额，顶角拉向后脑，两底角拉紧，经两耳上方绕到头的后枕部，压着顶角，再交叉返回前额打结。如果没有三角巾，也可改用毛巾。先将毛巾横盖在头顶上，前两角反折后拉到后脑打结，后两角各系一根布带，左右交叉后绕到前额打结。

（2）面部面具式包扎法。面部受伤可用此法。先在三角巾顶角打一结，使头向下，提起左右两个底角，形式像面具一样。然后，将三角巾顶结套住下颌，罩住头面，底边拉向后脑枕部，左右角拉紧，交叉压在底边，再绕至前额打结。包扎后，可根据情况在眼和口鼻处剪开小洞。

（3）头面部风帽式包扎法。头面部都有伤可用此法。先在三角巾顶角和底部中央各打一结，形式像风帽一样。把顶角结放在前额处，底结放在后脑部下方，包住头顶，然后再将两底角往面部拉紧，向外反折成三四指宽，包绕下颌，最后拉至后脑枕部打结固定。

（4）单眼包扎法。如果眼部受伤，可将三角巾折成四横指宽的带形，斜盖在受伤的眼睛上。三角巾长度的 1/3 向上，2/3 向下。下部的一端从耳下绕到后脑，再从另一只耳上绕到前额，压住眼上部的一端，然后将上部的一端向外翻转，向脑后拉紧，与另一端打结。

（5）四肢外伤包扎法。如果是四肢外伤，则要根据受伤肢体和部位采用不同的包扎法。手足部受伤的三角巾包扎法，是将手掌（或脚掌）心向下放在三角巾的中央，手指（脚趾）朝向三角巾的顶角，底边横向腕部，把顶角折回，两底角分别围绕手（脚）掌左右交叉压住顶角后，在腕部打结，最后把顶角折回，用顶角上的布带或用别针固定。

如果上肢受伤，可采用三角巾上肢包扎法，即把三角巾的一个底角打结后套在受伤的那只手臂的手指上，把另一个底角拉到对侧肩上，用顶角缠绕伤臂，并用顶角上的小布带包扎。然后，将受伤的前臂弯曲到胸前，最后把两底角打结。

根据伤肢的受伤情况，可采用膝（肘）带式包扎法，即把三角巾折成适当宽度的带状，然后把它的中段斜放在膝（肘）的伤处，两端拉向膝（肘）后交叉，再缠绕到膝（肘）前外侧打结固定。前臂（小腿）毛巾包扎法，是将伤臂的手指尖对着毛巾一角，把这一角翻向手背，另一角从手掌一侧翻过手背，并压在掌下。再用毛巾的另一端翻过来，包绕前臂，然后用带子结扎固定。如果是小腿受伤，则把毛巾一角内折在伤腿下部，再用毛巾压另一端包住小腿，最后用带子结扎固定。

（四）骨折固定注意事项

对疑有骨折的伤员应按骨折进行急救处置。一切动作要求谨慎、稳妥和轻柔。

1. 要注意伤口和全身状况。如伤口出血，应先止血，包扎固定；如出现休克或呼吸、心搏骤停时，应立即进行抢救。

2. 在处理开放性骨折时，局部要做清洁消毒处理，用纱布将伤口包好。严禁把暴露在伤口外的骨折端送回伤口内，以免造成伤口污染和再度刺伤血管与神经。

3. 对于大腿、小腿、脊椎骨折的伤者，一般应就地固定，不要随便移动伤者，不要盲目复位，以免加重损伤程度。如上肢受伤，可将伤肢固定于躯干；如下肢受伤，可将伤肢固定于另一健康肢。

4. 骨折固定所用的夹板长度与宽度要与骨折肢体相称，其长度一般以超过骨折上下两个关节为宜。

5. 固定用的夹板不应直接接触皮肤。在固定时可将纱布、毛巾、衣物等软材料垫在夹板和肢体之间，特别是夹板两端、关节骨头突起部位和间隙部位，可适当加厚垫，以免引起皮肤磨损或局部组织压迫坏死。

6. 固定、捆绑的松紧度要适宜，过松达不到固定的目的，过紧则影响血液循环，导致肢体坏死。固定四肢时，要将指（趾）端露出，以便随时观察肢体血液循环情况。如出现指（趾）端苍白、发冷、麻木、疼痛、肿胀、甲床青紫等症状时，说明固定、捆绑过紧，血液循环不畅，应立即松开，重新包扎固定。

7. 对四肢骨折固定时，应先捆绑骨折端处的上端，后捆绑骨折端处的下端。如捆绑次序颠倒，则会导致再度错位。上肢固定时，肢体要屈着绑（屈肘状）；下肢固定时，肢体要伸直绑。

（五）搬运伤员

在对伤员进行急救之后，就要把伤员迅速地送往医院。此时正确地搬运伤员是非常重要的。如果搬运不当，可使伤情加重，严重时还可能造成神经、血管损伤甚至瘫痪，难以治疗。因此，对伤员的搬运应十分小心。

1. 轻伤的搬运方法

如果伤员伤势不重，可采用扶、捎、背、抱的方法将伤员运走。

（1）单人扶着行走。左手拉着伤员的手，右手扶住伤员的腰部慢慢行走。此法适用于伤势不重、神志清醒的伤员。

（2）肩膝手抱法。伤员不能行走，但上肢还有力量，可让伤员钩在搬运者颈上。此法禁用于脊柱骨折的伤员。

（3）背驮法。先将伤员扶起，然后背着走。

（4）双人平抱法。两个搬运者站在同侧，抱起伤员走。

2. 重伤的搬运方法

针对不同伤情，应采用不同的搬运法。

（1）脊柱骨折伤员的搬运。对于脊柱骨折的伤员，一定要用木板做的硬担架抬运。应由2~4人搬运，使伤员成一线起落，步调一致。切忌一人抬胸，另一人抬腿。将伤员放到担架上以后，使其平卧，腰部加垫，然后用3~4根皮带把伤员固定在木板上，以免在搬运中滚动或跌落，造成脊柱移位或扭转，刺激血管和神经，使下肢瘫痪。无担架、木板，需众人用手搬运时，抢救者必须有一人双手托住伤者腰部，切不可单独一人用拉、拽的方法抢救伤者，否则易把伤者的脊柱神经拉断，造成下肢永久性瘫痪的严重后果。

（2）颅脑伤昏迷者的搬运。搬运时要两人以上，重点保护头部，将伤员放到担架上，采取半卧位，头部侧向一边，以免呕吐物阻塞气道而窒息。如有暴露的脑组织，应加以保护。抬运前，头部给予软枕，膝部、肘部应用衣物垫好，头颈部两侧垫衣物以使颈部固定，防止来回摆动。

（3）颈椎骨折伤员的搬运。搬运时，应由一人稳定头部，其他人以协调力量将其平直抬到担架上，头部左右两侧用衣物、软枕加以固定，防止左右摆动。

（4）腹部损伤者的搬运。严重腹部损伤者，多有腹腔脏器从伤口脱出，可采用布带、绷带做一个略大的环圈盖住加以保护，然后固定。搬运时采取仰卧位，并使下肢屈曲，防止腹压增加而使肠管继续脱出。

（六）烧烫伤急救

引起烧伤的原因有多种，主要是热力烧伤，包括火焰、炽热金属造成的烧伤，也包括各种热液、蒸汽所造成的烫伤；其次是化学烧伤，常见的如硫酸、盐酸、氢氧化钾、生石灰等造成的烧伤；再有是电烧伤。烧伤的急救原则是消除烧伤的主要原因，保护创面，设法使伤员安静止痛。

热力烧伤现场急救最基本的要求：

首先，迅速脱离热源，脱去燃烧的衣服或用水浇灭身上的火。可以就地打滚，靠身体压灭火苗或由他人帮助，或用被子、毯子、大衣等覆盖以隔绝空气灭火。切忌奔跑呼喊，因为奔跑会产生风，使火越烧越旺，同时喊叫会使火焰和烟雾被吸入呼吸道，加重吸入性损伤。对于小范围的局部烧伤，可以用自来水冲洗或井水浸泡，减少热力向组织深层传导，减轻烧伤深度。

其次，清洁创面，减轻疼痛，不要给烧伤面涂有颜色的药物，如红汞、紫药水，以免影响对烧伤深度的观察和判断。也不要将牙膏、油膏等油性物质涂于烧伤创面，以减少创面污染的机会和减轻就医时处理的难度。如果出现水泡，要注意保留，不要将泡皮撕去，同时用干净的毛巾、被单等包敷，避免去医院途中被污染。

对于危重烧伤病人，原则上应以就地治疗为主。因为危重烧伤病人休克发生率高，发生时间也早，如果没有经过复苏补液就匆忙长途转送，由于颠簸，加上途中治疗不及时，就会使伤情恶化，加重休克。对于口渴的病人，可以少量多次口服含盐的液体，不要在短时间内服用大量白开水，以免引发脑水肿和肺水肿等并发症。

被蒸汽或热的液体烫伤时，要立即将烫伤部位的衣服脱掉，可防止烫伤加重；因触电烧伤者应立即切断电源；对于烧伤面积小者和四肢烧伤者，可用冷水冲淋或浸泡，能起到减少损害、减轻疼痛的作用，浸浴时间一般为半小时或不痛为止。胸背部烧伤的伤员，可将干净的毛巾盖在创面上，然后用凉水向上浇以减轻疼痛。

二、常见职业中毒的急救

（一）氯气中毒

1. 毒理作用

氯气是一种黄绿色具有强烈刺激性味的气体，并有窒息臭味，许多工业和农药生产都离不开氯。氯对人体的危害主要表现在对上呼吸道黏膜的强烈刺激，可引起呼吸道烧伤、急性肺水肿等，从而引发肺和心脏功能急性衰竭。

2. 中毒表现

吸入高浓度的氯气，如每升空气中氯的含量超过 2~3mg 时，即可出现严重症状，如呼吸困难、紫绀、心力衰竭，病人很快因呼吸中枢麻痹而致死，往往仅在数分钟至 1 小时内，称为"闪电死亡"。较重度的中毒，病人首先出现明显的上呼吸道黏膜刺激症状，如剧烈的咳嗽、吐痰、咽喉疼痛发辣、呼吸急促困难、颜面青紫、气喘。当出现支气管肺炎时，肺部听诊可闻及干、湿性啰音。中毒继续加重，造成肺泡水肿，引起急性肺水肿，全身情况也趋衰竭。

3. 急救

迅速将伤员抬离现场，移至通风良好处，脱下中毒时所穿衣服鞋袜，注意给病人保暖，并让其安静休息。为解除病人呼吸困难，可给其吸入 2%~3% 的小苏打溶液或 1% 硫酸钠溶液，以减轻氯气对上呼吸道黏膜的刺激作用。抢救中应当注意，氯中毒病人有呼吸困难时，不应采用徒手式的压胸等人工呼吸方法。这是因为氯对上呼吸道黏膜具有强烈刺激，易引起支气管肺炎甚至肺水肿，这种压胸式的人工呼吸方法会使炎症、肺水肿加重，有害无益。也可酌情使用强心剂如西地兰等，鼻部可滴入 1%~2% 麻黄素或 2%~3% 普鲁卡因 +0.1% 肾上腺素的溶液。由于呼吸道黏膜受到刺激腐蚀，故呼吸道失去正常保护机能，极易招致细菌感染，因而对中毒较重的病人，可应用抗生素预防感染。

(二) 天然气中毒

天然气的主要成分是甲烷、乙烷、丙烷及丁烷等低分子量的烷烃，还含有少量的硫化氢、二氧化碳、氧、氮等气体。常用的天然气含甲烷 85% 以上，常因火灾、事故中漏气、爆炸而中毒。

1. 中毒表现

主要为窒息，若天然气同时含有硫化氢则毒性增加。早期有头晕、头痛、恶心、呕吐、乏力等症状，严重者出现直视、昏迷、呼吸困难、四肢强直、去大脑皮质综合征等。

2. 急救

迅速将病人抬离中毒现场，吸氧或新鲜空气。对有意识障碍者，以改善缺氧、解除脑血管痉挛、消除脑水肿为主，可吸氧，用氟美松、甘露醇等静滴，并用脑细胞代谢剂如细胞色素 C、ATP、维生素 B_6 和辅酶 A 等静滴。轻症患者仅作一般对症处理。

（三）芥子气中毒

芥子气，学名二氯二乙硫醚，呈微黄色或无色的油状液体，具有芥子末气味或大葱、蒜臭味，相对密度为1.28，气态相对密度为5.5（对空气），沸点为217℃，冰点为13.4℃。芥子气对皮肤、黏膜具有糜烂刺激作用，可引起眼结膜炎、呼吸道黏膜发炎，严重时造成糜烂水肿，并多伴有继发感染。

1. 中毒表现

皮肤受芥子气作用后，往往在短时内出现明显症状，局部渐渐出现红斑。红斑与正常皮肤分界清晰，按压患处可留下白痕；红斑发展，渐渐变成青紫色并出现水疱，疱中有黄色脓液。皮肤的损伤以颜面、会阴等处较明显，暴露部位也较突出。当大腿受芥子气作用后，会阴必然伴有损伤，故此点可为诊断中毒佐证之一。

眼睛中毒出现炎症，可引起结膜炎，合并感染可成脓性。病人有流泪、怕光、发热等症状，继续发展为结膜水肿、眼睑痉挛，以致最后造成角膜溃疡。严重者，由于角膜溃疡穿孔，玻璃体、水晶体流出，眼球萎缩而失明。

芥子气对呼吸道也有较强的致害作用，容易使呼吸道黏膜受损坏死，出现剧烈的咳嗽并有黏稠浓痰。严重时气管坏死，黏膜的脱落可机械地阻碍呼吸；合并感染引起支气管肺炎，病人体温升高，身体衰弱。

2. 急救

迅速将伤员抬离现场，移至通风良好无毒处，脱去衣物，并用温水冲洗全身。眼睛受伤者，速用温水冲洗并用浸2%苏打水的纱布包敷。

经过上述初步处理后，局部中毒如皮肤，用可溶解芥子气的溶剂，如煤油、酒精或中和剂水溶液如漂白粉、过氧化氢（双氧水）浸润棉球吸去毒液，但需注意勿与周围健康皮肤接触。

中毒皮肤的水疱应在无菌条件下剪开，放出毒液，再用浸泡苏打水的纱布包好。对呼吸道中毒严重者，应予以吸氧，常用1∶1 000高锰酸钾溶液漱口。对于剧烈咳嗽者，可使用祛痰剂。发生肺水肿者，还可静注高渗葡萄糖液，应用抗生素预防感染。

3. 预防

最好的预防方法是佩戴防毒面具。若暂时不具备防毒面具，也可用纱布、棉花浸润下列任何一种解毒溶液制成简单的面具代替：一是碳酸钠1份，硫代硫酸钠4份，甘油1份，热水9份；二是乌洛托品70g，碳酸钠30g，水80ml。这两种液体对于一般毒气如氯气、光气、芥子气、路易氏毒气均有防御作用，但作用持续时间不长，必须经常更换。

（四）液化石油气中毒

液化石油气的主要成分为丙烷、丙烯、丁烷、丁烯。组成液化石油气的所有碳氢化合物均有较强的麻醉作用，但因它们在血液中的溶解度很小，常压条件下对机体的生理功能无影响。若空气中的液化石油气浓度很高，从而使空气中氧含量减低时，就能使人窒息。

1. 中毒表现

中毒后表现为头晕、乏力、恶心、呕吐，并有四肢麻木及手套袜筒形的感觉障碍，接触高浓度气体时可使人昏迷。

2. 急救

迅速将伤员抬离现场，脱去衣物，保暖，吸氧。使用脑细胞代谢剂，如细胞色素C、APT、辅酶A和维生素C、维生素B_1、维生素B_6、维生素B_{12}等静滴。有呼吸衰竭者可用呼吸兴奋剂，如可拉明、洛贝林等。

第四章 消防与用电安全

第一节 电气安全技术

一、电气危险因素及事故种类

电气危险因素分为触电、电气火灾爆炸、静电、雷电、射频电磁辐射危害和电气系统故障等。按照电能的形态，电气事故可分为触电事故、雷击事故、静电事故、电磁辐射事故和电气装置事故。

（一）触电

触电分为电击和电伤两种形式。

1. 电击

电击是电流通过人体，刺激机体组织，使肌体产生针刺感、压迫感、打击感、痉挛、疼痛、血压异常、昏迷、心律不齐、心室颤动，严重时会破坏人的心脏、肺部、神经系统的正常工作，危及生命。

（1）电击伤害机理。当电流作用于心脏或管理心脏和呼吸机能的脑神经中枢时，能破坏心脏等重要器官的正常工作。

（2）电流效应的影响因素（工频）。电流对人体的伤害程度与通过人体电流的大小、种类、持续时间、通过途径及人体状况等多种因素有关。

①电流值。包括以下 3 种。

　　a. 感知电流。指引起感觉的最小电流。感觉为轻微针刺、发麻等。成年男性约为 1.1mA，成年女性约为 0.7mA。

　　b. 摆脱电流。指能自主摆脱带电体的最大电流。男性约为 9mA，女性约为 6mA。

　　c. 室颤电流。指引起心室发生心室纤维性颤动的最小电流。动物实验和事故统计资料表明，心室颤动在短时间内导致死亡。室颤电流与电流持续时间关系密切。当电流持续时间超过心脏周期时，室颤电流仅为 50mA 左右；当持续时间短于心脏周期时，室颤电流为数百毫安。当电流持续时间小于 0.1s 时，只有电击发生在心室易损期，500mA 以上乃至数安的电流才能引起心室颤动。前述电流均指流过人体的电流，而当电流直接流过心脏时，数十微安的电流即可导致心室颤动发生。

　　②电流持续时间。通过人体的电流持续时间越长，越容易引起心室颤动，危险性就越大。

　　③电流途径。流经心脏的电流多、电流路线短的途径是危险性最大的途径。最危险的途径是左手到前胸。判断危险性，既要看电流值，又要看途径。

　　④电流种类。直流电流、高频交流电流、冲击电流以及特殊波形电流都对人体具有伤害作用，其伤害程度一般较工频电流为轻。

　　⑤个体特征。因人而异，取决于健康情况、性别、年龄等。

　　（3）人体阻抗。在干燥的情况下，人体电阻为 1 000~3 000Ω；在潮湿的情况下，人体电阻为 500~800Ω。皮肤表面潮湿、有导电污物、伤痕、破损等也会导致人体阻抗降低。接触压力、接触面积的增大也会降低人体阻抗。

　　（4）电击类型。根据人体所触及的带电体是否为正常带电状态，电击分为直接接触电击和间接接触电击两类。

　　①直接接触电击。指在电气设备或线路正常运行条件下，人体直接触及设备或线路的带电部分所形成的电击。

②间接接触电击。指在设备或线路故障状态下，原本正常情况下不带电的设备外露可导电部分或设备以外的可导电部分变成了带电状态，人体与上述故障状态下带电的可导电部分接触而形成的电击。

按照人体触及带电体的方式，电击可分为单相电击、两相电击和跨步电压电击 3 种。

①单相电击。指人体接触到地面或其他接地导体，同时人体另一部位触及某一相带电体所引起的电击（图 4–1）。统计资料显示，单相电击事故占全部触电事故的 70% 以上。因此，防止触电事故的技术措施应将单相电击作为重点。

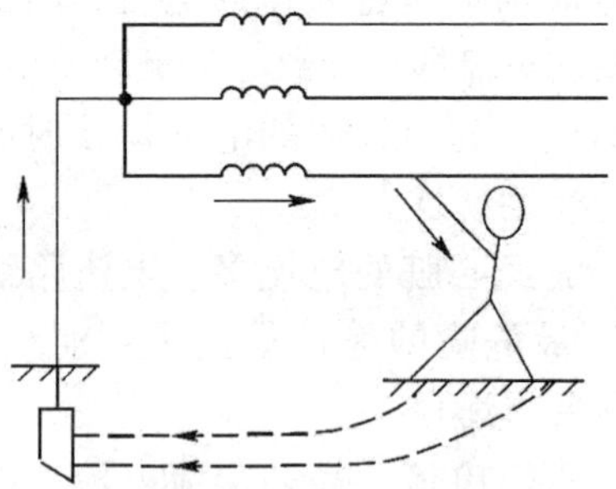

图 4–1　单相电击

②两相电击。指人体的两个部位同时触及两相带电体所引起的电击（图 4–2）。此种情况下人体所承受的电压为线电压，因其电压相对较高，其危险性较大。

③跨步电压电击。指站立或行走的人体，受到出现于人体两脚之间的电压即跨步电压作用所引起的电击。跨步电压是当带电体接地，电流经接地线流入埋于土壤中的接地体，又通过接地体向周围大地流散时，在接地体周围土壤电阻上产生的电压梯度形成的。图 4–3 所示为接地体的对地电压曲线。图中 U_E 是接地体对地电压。对于集中式接地体，离接地体 20m 处的对地电压接近于零。图 4–3 中人体两脚所处两点之间出现的电

压 U_N 即为跨步电压。

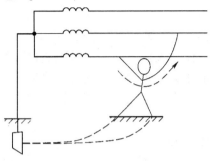

图 4-2　两相电击

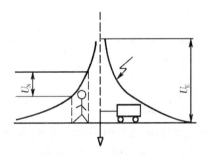

图 4-3　跨步电压

2. 电伤

电伤是电流的热效应、化学效应、机械效应等对人体所造成的伤害，伤害多见于机体的外部，往往在机体表面留下伤痕。电伤包括电烧伤、电烙印、皮肤金属化等多种伤害。

（1）电烧伤。电烧伤是最常见的电伤，大部分触电事故都含有电烧伤成分。电烧伤可分为电流灼伤和电弧烧伤。

①电流灼伤。指人体与带电体接触，电流通过人体时，因电能转换成的热能引起的伤害。由于人体与带电体的接触面积一般都不大，且皮肤电阻又比较高，因而产生在皮肤与带电体接触部位的热量就较多。因此，使皮肤受到比体内严重得多的

灼伤。电流越大、通电时间越长，电流途径上的电阻越大，则电流灼伤越严重。

②电弧烧伤。指由弧光放电造成的烧伤，是最严重的电伤。电弧发生在带电体与人体之间，有电流通过人体的烧伤称为直接电弧烧伤；电弧发生在人体附近对人体形成的烧伤以及被熔化金属溅落的烫伤称为间接电弧烧伤。弧光放电时电流很大，能量也很大，电弧温度高达数千度，可造成大面积的深度烧伤。严重时能将机体组织烘干、烧焦。

（2）电烙印。指电流通过人体后，在皮肤表面接触部位留下与接触带电体形状相似的斑痕，如同烙印。斑痕处皮肤呈现硬变，表层坏死，失去感觉。

（3）皮肤金属化。由高温电弧使周围金属熔化、蒸发并飞溅渗透到皮肤表层内部造成，受伤部位呈现粗糙、张紧，可致局部坏死。

（二）电气火灾和爆炸

电气火灾和爆炸是由电气引燃源引起的火灾和爆炸。在火灾和爆炸事故中，电气火灾和爆炸事故占有很大的比例。

1. 电气引燃源

电气设备及装置在运行中产生的危险温度、电火花和电弧是电气火灾和爆炸的主要原因。

（1）危险温度。常见产生危险温度的情况如下。

①短路。短路是指不同电位的导电部分之间（包括导电部分对地之间）的低阻性短接。发生短路时，线路中电流增大至正常时的数倍乃至数十倍，由于载流导体无法将产生的热量及时散去，温度急剧上升形成危险温度。

②过载。电气线路或设备长时间过载也会导致温度异常上升产生危险温度。

③漏电。电气设备或线路发生漏电时，当漏电电流集中在

某一点时，可引起比较严重的局部发热，引起火灾。

④接触不良。电气线路或设施接触不良会使接点的接触电阻增高，电流流过时就会产生危险温度，如果接点虚接，还会发生打火现象。

⑤铁心过热。对于电动机、变压器、接触器等带有铁心的电气设备，如果铁心短路或线圈电压过高，由于涡流损耗和磁滞损耗增加，使铁损增大，将造成铁心过热并产生危险温度。

⑥散热不良。电气设备在运行时必须确保具有一定的散热或通风措施。如果这些措施失效，如通风道堵塞、风扇损坏、散热油管堵塞、安装位置不当、环境温度过高或距离外界热源太近等，均可能导致电气设备和线路过热。

⑦机械故障。由交流异步电动机拖动的设备，如果转动部分被卡死或轴承损坏，造成堵转或负载转矩过大，会因电流显著增大而导致电动机过热。电气设备的机械摩擦也会导致发热。

⑧电压异常。相对于额定值，电压过高和过低均属电压异常。电压过高时会使恒阻电气设备的电流增大而发热；电压过低时会使恒功率设备电流增大而发热。

⑨电热器具和照明器具。电炉电阻丝工作温度为800℃，电熨斗为500~600℃，白炽灯灯丝为2 000~3 000℃，100 W白炽灯泡表面为170~220℃。

（2）电火花和电弧。电火花是电极间的击穿放电，电弧是大量电火花汇集而成的。在切断感性电路时，断路器触点分开瞬间，在触点之间会形成电弧和电火花，电弧的温度高达6 000~7 000℃，甚至达到10 000℃以上，不仅能引起可燃物燃烧，还能使金属熔化、飞溅，构成危险的火源。在有爆炸危险的场所，电火花和电弧是十分危险的因素。

2. 电气装置着火

（1）电动机着火。异步电动机的火灾危险性是由于其内部和外部的（如制造工艺和操作运行等）多种原因造成的。其原因主要有：电源电压波动、频率过低；电动机运行中发生过载、堵转、扫膛（转子与定子相碰）；电动机绝缘破坏，发生相间、匝间短路；绕组断线或接触不良；以及选型和启动方式不当等。

（2）电缆着火。电缆发生短路、过载、局部过热、电火花或电弧等故障状态时，所产生的热量将远远超过正常状态。电缆火灾案例表明，有的绝缘材料是直接被电火花或电弧引燃；有的绝缘材料是在高温作用下，发生自燃；有的绝缘材料是在高温作用下，加速了热老化进程，导致热击穿短路，产生的电弧将其引燃。

（三）雷电危害

1. 雷电的种类

（1）直击雷。雷云与大地目标之间的一次或多次放电称为对地闪击。闪击直接击于建筑物、其他物体、大地或外部防雷装置上，产生电效应、热效应和机械力者称为直击雷。

（2）闪电感应。又称作雷电感应。闪电发生时，在附近导体上产生的静电感应和电磁感应，它可能使金属部件之间产生火花放电。

（3）球雷。球雷是雷电放电时形成的发红光、橙光、白光或其他颜色光的火球。球雷应当是一团处在特殊状态下的带电气体。

直击雷和闪电感应都能在架空线路、电缆线路或金属管道上产生沿线路或管道的两个方向迅速传播的闪电电涌（即雷电波）侵入。

2. 雷电的危害形式

雷电具有雷电流幅值大、雷电流陡度大、冲击性强、冲击过电压高的特点。雷电具有电性质、热性质和机械性质三方面的破坏作用。

（1）电性质破坏作用。破坏高压输电系统，毁坏发电机、电力变压器等电气设备的绝缘，烧断电线或劈裂电杆，造成大规模停电事故；绝缘损坏可能引起短路，导致火灾或爆炸事故；二次放电的电火花也可能引起火灾或爆炸，二次放电也可能造成电击，伤害人命；形成接触电压电击和跨步电压触电事故；雷击产生的静电场突变和电磁辐射会干扰电视电话通信，甚至使通信中断；雷电也能造成飞行事故。

（2）热性质破坏作用。直击雷放电的高温电弧能直接引燃邻近的可燃物；巨大的雷电流通过导体能够烧毁导体，使金属熔化、飞溅引发火灾或爆炸；球雷侵入可引起火灾。

（3）机械性质破坏作用。巨大的雷电流通过被击物，使被击物缝隙中的气体剧烈膨胀，缝隙中的水分也急剧蒸发汽化为大量气体，导致被击物体破坏或爆炸。雷击时产生的冲击波也有很强的破坏作用。此外，同性电荷之间的静电斥力、同方向电流的电磁作用力也会产生很强的破坏作用。

（四）静电危害

1. 静电的危害

在生产工艺过程中以及操作人员的操作过程中，某些材料的相对运动、接触与分离等原因导致了相对静止的正电荷和负电荷的积累，即产生了静电。静电的能量不大，但其电压可高达数十千伏以上，容易发生放电而产生放电火花。静电的危害形式如下。

（1）在有爆炸和火灾危险的场所，静电放电火花会成为可燃性物质的点火源，造成爆炸和火灾事故。

（2）人体因受到静电电击的刺激，可能引发二次事故，如坠落、跌伤等。

（3）某些生产过程中，静电的物理现象会对生产产生妨碍，导致产品质量不良，电子设备损坏。

2. 静电的产生

（1）固体静电。将两个相接近的带电面看成是电容器的两个极板。电容器上的电压 U 与电容器极间距离 d 成正比。两个带电面紧密接触时，其距离 d 只有 25×10^{-8} cm。若二者分开，距离 d 为 1cm，则 d 增大为 400 万倍。与其对应，如接触电位差为 0.01V，则二者之间的电压 U 可达 40 000V。

橡胶、塑料、纤维等行业工艺过程中的静电高达数十千伏，甚至数百千伏，如不采取有效措施，很容易引起火灾。

（2）人体静电。人体在日常活动过程中，衣服、鞋以及所携带的用具与其他材料摩擦或接触—分离时，均可能产生静电。例如，当穿着化纤衣料服装的人从人造革面的椅子上起立时，由于衣服与椅面之间的摩擦和接触—分离，人体静电可达 10 000V 以上。

（3）粉体静电。当粉体物料被研磨、搅拌、筛分或处于高速运动状态时，由于粉体颗粒与颗粒之间以及粉体颗粒与管道壁、容器壁或其他器具之间的碰撞、摩擦，或因粉体破断等都会产生危险的静电。

（4）液体静电。液体在流动、过滤、搅拌、喷雾、喷射、飞溅、冲刷、灌注和剧烈晃动等过程中，由于静电荷的产生速度高于静电荷的泄漏速度，从而积聚静电荷，产生静电。

（5）蒸汽和气体静电。蒸汽或气体在管道内高速流动，以及从阀门、缝隙高速喷出时也会产生危险的静电。

（五）电气装置故障危害

断路、短路、异常接地、漏电、误合闸、误掉闸、电气设备或电气元件损坏、电子设备受电磁干扰而发生误动作、控制系统硬件或软件的偶然失效等都属于电气装置故障。电气装置故障在一定条件下会引发或转化为造成人员伤亡及重大财产损失的事故。

二、触电防护技术

所有电气装置都必须具备防止电击危害的直接接触防护措施和间接接触防护措施。

（一）直接接触电击防护措施

绝缘、屏护和间距是直接接触电击的基本防护措施。其主要作用是防止人体接触或过分接近带电体。

1. 绝缘

绝缘是指利用绝缘材料对带电体进行封闭和隔离。绝缘材料导电能力很小，一般分为气体绝缘材料、液体绝缘材料、固体绝缘材料。绝缘电阻是衡量绝缘性能优劣的最基本指标，绝缘电阻应符合专业标准的规定。

2. 屏护与间距

（1）屏护。屏护是对电击危险因素进行隔离的手段，如采用遮栏、护罩、护盖、箱匣等将危险的带电体与外界隔离，防止人体触及。

屏护装置应有足够的尺寸，与带电体之间保持必要的距离。如遮栏高度不低于1.7m，下部离地间距不大于0.1m，对于低压设备，遮栏与裸导体间距不应小于0.8m；栅栏的高度户内应不低于1.2m、户外应不低于1.5m，栏条间距不应大于0.2m。

（2）间距。间距是指带电体与地面之间、与其他设备设施之间、与其他带电体之间必要的安全距离。间距的作用是防止人体触及或过分接近带电体，避免车辆或其他器具碰撞或过分接近带电体，防止火灾、过电压放电及各种短路事故。

①用电设备间距。车间明装的配电箱底口距地面的高度取1.2m，暗装的取1.4m；明装电度表底口距地面的高度取1.8m。

常用开关电器的开关安装高度为1.3~1.5m；开关手柄与建筑物之间应保留0.15m的距离；墙用平开关离地面高度取

1.4m；明装插座离地面高度取 1.3~1.8m，暗装插座取 0.2~0.3m。

室内灯具高度应大于 2.5m，受限的可减为 2.2m，低于 2.2m 时，应采取适当的安全措施；当灯具位于桌面上方等碰不到的地方时，可减为 1.5m。户外灯具高度应大于 3m，安装在墙上时可减为 2.5m。

②检修间距。低压操作时，人体及所携带的工具与带电体之间的距离不得小于 0.1m。高压作业时，各种作业类别所要求的最小间距见表 4-1。

间距不符合表 4-1 的要求时，作业前应采取装设临时遮栏、临时停电等安全措施。

表 4-1　高压作业的最小距离

线路经过地区	线路电压	
	1~10kV	35kV
无遮挡作业，人体及所携带工具与带电体之间（m）	0.7	1.0
无遮挡作业，人体及所携带的工具与带电体之间，用绝缘杆操作（m）	0.4	0.4
线路作业，人体及所携带的工具与带电体之间（m）	1.0	2.5
带电水冲洗，小型喷嘴与带电体之间（m）	0.4	0.6
喷灯、气焊火焰与带电体之间（m）	1.5	3.0

（二）间接接触触电防护措施

1. IT 系统

IT 系统就是保护接地系统。I 表示配电网不接地或经高阻抗接地，T 表示电气设备外壳接地。其结构如图 4-4 所示。

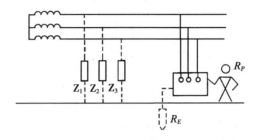

图 4-4 IT 系统

IT 系统的保护原理是给人体并联一个非常小的电阻，以保证人员触及带电的设备外壳时，减少通过人体的电流。如图 4-4 所示，当设备因绝缘损坏与外壳短路，工作人员触及带电的设备外壳时，因人体的电阻远较接地极的电阻大，大部分电流流经接地极入地，而通过人体的电流极其微小，从而保证了人身的安全。

在 380V 不接地低压系统中，一般接地电阻 $R_E \leqslant 4\ \Omega$；当供电源容量不超过 100kW 时，接地电阻 $R_E \leqslant 10\Omega$；10kV 配电网中，高低压设备共用接地装置时，接地电阻为 10Ω，并满足 $R_E \leqslant 120/I_E$（I_E 为接地电流）。

2. TT 系统

TT 系统的结构如图 4-5 所示，这种配电网引出三条相线（L1、L2、L3）和一条中性线（N 线，工作零线），俗称三相四线配电网。前后两个 T 分别表示配电网中性点和电气设备金属外壳接地。

这种中性点直接接地的配电网，如电气设备金属外壳未采取任何安全措施，则当外壳故障带电时，故障电流将沿低阻值的工作接地构成回路。由于工作接地的接地电阻很小，设备外壳将带有接近相电压的故障对地电压，电击的危险性很大。尽

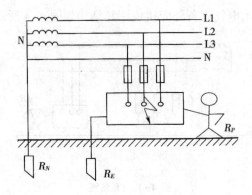

图4-5 TT系统

管电气设备外壳进行了接地保护，由于 R_E 与 R_N 同在一个数量级，仍无法完全排除间接电击的危险。因此，TT 系统必须装设剩余电流动作保护装置或过电流保护装置，并优先采用前者。

3. TN 系统

TN 系统相当于传统的保护接零系统，典型的讯系统如图4-6所示。图中 PE 是保护接零线，R_S 表示重复接地。T 表示配电网中性点直接接地，N 表示设备外壳与配电网中性点直接连接。

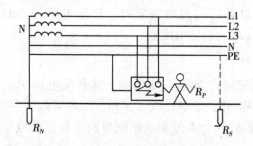

图4-6 TN系统

TN 系统的保护原理：当某相与电气设备外壳短路时，形成该相对零线的短路，短路电流促使线路上的短路保护元件迅速动作，把故障设备的电源断开，消除电击的危险。

保护接零系统用于用户装有配电变压器的，且其低压中性点直接接地的 220/380V 的配电网。

（三）兼防直接接触电击和间接接触电击的措施

1. 双重绝缘

（1）电气设备防触电保护分类。

① 0 类电气设备。仅靠基本绝缘作为防触电保护的设备，当设备有能触及的可导电部分时，该部分不与设施固定布线中的保护（接地）线连接，一旦基本绝缘失效，则安全性完全取决于使用环境。

② Ⅰ 类电气设备。设备的防触电保护不仅靠基本绝缘，还包括一种附加的安全措施，即将能触及的可导电部分与设施固定布线中的保护接地导线连接，使可能触及的导电部分在基本绝缘损坏时不能变成带电体。

③ Ⅱ 类电气设备。防止电击保护不仅依靠基本绝缘，而且还包含附加的安全保护措施，例如双重绝缘或加强绝缘，不提供保护接地或不依靠电气设备条件。

④ Ⅲ 类设备。防止电击保护依靠安全特低电压供电，电气设备中不产生高于特低电压的电压。

（2）双重绝缘和加强绝缘措施。双重绝缘和加强绝缘是在基本绝缘的直接接触电击防护的基础上，通过结构上附加绝缘或加强绝缘，使之具备了间接接触电击防护功能的安全措施。

各种绝缘的意义如下。

① 工作绝缘。又称基本绝缘或功能绝缘，是保证电气设备正常工作和防止触电的基本绝缘，位于带电体与不可触及金属件之间。

② 保护绝缘。又称附加绝缘，是在工作绝缘因机械破损或击穿等而失效的情况下，可防止触电的独立绝缘，位于不可触及金属件与可触及金属件之间。

③双重绝缘。双重绝缘是兼有工作绝缘和附加绝缘的绝缘。

④加强绝缘。加强绝缘是基本绝缘经改进后，在绝缘强度和机械性能上具备了与双重绝缘同等防触电能力的单一绝缘，在构成上可以包含一层或多层绝缘材料。

具有双重绝缘和加强绝缘的设备属于Ⅱ类电气设备。

（3）双重绝缘和加强绝缘的安全条件。由于具有双重绝缘或加强绝缘，Ⅱ类设备无须再采取接地、接零等安全措施。因此，对双重绝缘和加强绝缘的设备可靠性要求较高。双重绝缘和加强绝缘的设备应满足以下安全条件。

①绝缘电阻。工作绝缘的绝缘电阻不得低于 2MΩ，保护绝缘的绝缘电阻不得低于 5MΩ；加强绝缘的绝缘电阻不得低于 7MΩ。

②外壳防护和机械强度。Ⅱ类设备应能保证在正常工作时以及在打开门盖和拆除可拆卸部件时，人体不会触及仅由工作绝缘与带电体隔离的金属部件。其外壳上不得有易于触及上述金属部件的孔洞。

Ⅱ类设备应在明显位置标上作为Ⅱ类设备技术信息的"回"形标志。

③电源连接线。Ⅱ类设备的电源连接线应符合加强绝缘要求，电源插头上不得有起导电作用以外的金属件，电源连接线与外壳之间至少应有两层单独的绝缘层。

一般场所使用的手持电动工具应优先选用Ⅱ类设备。在潮湿场所或金属构架上工作时，除选用安全电压的工具之外，也应尽量选用Ⅱ类工具。

2. 安全电压

安全电压又称安全特低电压，是属于兼有直接接触电击防护和间接接触电击防护的安全措施。其保护原理是：通过对系统中可能作用于人体的电压进行限制，从而使触电时流过人体的电流受到抑制，将触电危险性控制在没有危险的范围内。由特低安全电压供电的设备为Ⅲ类电气设备。

（1）安全电压的额定值。安全电压额定值（工频有效值）的等级规定为：42V、36V、24V、12V 和 6V。

（2）安全电压额定值的选用。特别危险环境中使用的手持电动工具应采用 42V 安全电压；有电击危险环境中使用的手持照明灯和局部照明灯应采用 36V 或 24V 安全电压；金属容器内、特别潮湿处等特别危险环境中使用的手持照明灯应采用 12V 安全电压；水下作业等场所应采用 6V 安全电压。

3. 剩余电流动作保护

剩余电流动作保护又称漏电保护，是一种低压安全保护电器，主要用于单相电击保护，也用于防止由漏电引起的火灾，还可用于检测和切断各种一相接地故障。

（1）漏电保护装置的原理。电气设备漏电时，将呈现出异常的电流和电压信号，漏电保护装置通过检测此异常电流或异常电压信号，经信号处理，促使执行机构动作，借助开关设备迅速切断电源，从而实现预防电击事故的目的。

（2）漏电保护装置的主要技术参数。

①额定漏电动作电流。它是指在规定的条件下，漏电保护装置必须动作的漏电动作电流值，该值反映了漏电保护装置的灵敏度。

国家标准规定的额定剩余动作电流的优选值包括 6mA、10mA、30mA、100mA、200mA、300mA、500mA、1A、2A、3A、5A、10A、20A、30A 共 14 个等级。

其中，30mA 及以下者属于高灵敏度，主要用于防止各种人身触电事故；30mA 以上至 1A 者属中灵敏度，用于防止触电事故和漏电火灾；1A 以上者属低灵敏度，用于防止漏电火灾和监视一相接地事故。

②漏电动作分断时间。它是指从突然施加漏电动作电流开始到被保护电路完全被切断为止的全部时间。

（3）必须安装剩余电流动作保护装置的场所或设备

①Ⅰ类移动式电气设备。

②生产用的电气设备。

③施工工地的电气机械设备。

④安装在户外的电气装置。

⑤临时用电的电气设备。

⑥机关、学校、宾馆、饭店、企事业单位和住宅等除壁挂式空调的电源插座外的其他电源插座或插座回路。

⑦游泳池、喷水池、浴池的电气设备。

⑧医院中可能直接接触人体的医用电气设备。

⑨其他需要安装剩余电流动作保护装置的场所。

⑩低压配电线路采用二级或三级保护时，在总电源端、分支线首端或末端（农村集中安装的电能表箱、农业生产设备的电源配电箱）。

（4）漏电保护装置的选用。漏电保护装置的选用要综合考虑保护对象特征、技术上的有效性、经济上的合理性。不合理的选型不仅达不到保护目的，还会造成漏电保护装置的拒动作或误动作。正确合理地选用漏电保护装置，是实施漏电保护措施的关键。

①防止人身触电事故。用于直接接触电击防护的漏电保护装置应选用额定动作电流为 30mA 及以下的高灵敏度、一般型漏电保护装置。在浴室、游泳池、隧道等场所，漏电保护装置的额定动作电流不宜超过 10mA。在触电后，可能导致二次事故的场合，应选用额定动作电流为 6mA 的一般型漏电保护装置。对于固定式的电机设备、室外架空线路等，应选用额定动作电流为 30mA 及以下的漏电保护装置。

②防止火灾。木质灰浆结构的一般住宅和规模小的建筑物，可选用额定动作电流为 30mA 及以下的漏电保护装置。除住宅以外的中等规模的建筑物，分支回路可选用额定动作电流为 30mA

及以下的漏电保护装置，主干线可选用额定动作电流为 200mA 以下的漏电保护装置。钢筋混凝土类建筑，内装材料为木质时，可选用额定动作电流 200mA 以下的漏电保护装置，内装材料为不燃物时，应区别情况，可选用额定动作电流 200mA 到数安的漏电保护装置。

③防止电气设备烧毁。在考虑电气设备烧毁的同时，要兼顾电击事故的发生。因此，通常选用 100mA 到数安的漏电保护装置。

三、防爆电气设备

（一）爆炸性环境用电气设备分类

爆炸性环境用电气设备分为以下 3 类。

1. Ⅰ类电气设备

Ⅰ类电气设备用于煤矿瓦斯气体环境。

2. Ⅱ类电气设备

Ⅱ类电气设备用于除煤矿瓦斯气体以外的其他爆炸性气体环境。

3. Ⅲ类电气设备

Ⅲ类电气设备用于除煤矿以外的爆炸性粉尘环境。

（二）防爆电气设备结构形式及符号

用于爆炸性气体环境的防爆电气设备结构形式及符号见表4-2。

表 4-2 防爆电气设备结构形式及符号

结构形式	隔爆型	增安型	油浸型	充砂型	本质安全型	浇封型	正压型	无火花型	火花保护型	限制呼吸型	限能型
符号	d	e	o	q	i	m	P	nA	nC	nR	nL

（三）防爆电气设备标志

防爆电气设备标志应设置在设备外部主体部分的明显处，且应设置在设备安装之后能看到的位置。

标志应包括：制造商的名称或注册商标、制造商规定的型号标识、产品编号或批号、颁发防爆合格证的检验机构名称或代码、防爆合格证号、Ex标志、防爆结构形式符号、类别符号、表示温度组别的符号或最高表面温度及单位（℃）、保护等级、防护等级。举例说明如下：

1. Exd Ⅱ B T3 Gb

表示该设备为防爆电气设备，防爆结构形式为隔爆型，适用于Ⅱ B类T3组爆炸性气体环境，设备保护等级是Gb。

2. Exp Ⅲ C T120℃ Db IP65

表示该设备为防爆电气设备，防爆结构形式为正压型，适用于具有导电性粉尘的爆炸环境，最高表面温度低于120℃，设备保护等级是Db，外壳防护等级是IP65。

（四）爆炸性危险环境电气设备的选用

爆炸性危险环境电气设备选用应遵循如下原则。

1. 应根据电气设备使用环境的区域、电气设备的种类、防护级别和使用条件等选择电气设备。

2. 所选用的防爆电气设备的类别和组别不应低于危险环境内爆炸性混合物的类别和组别。

（五）防爆电气线路

在爆炸性危险环境中，电气线路安装位置、敷设方式、导体材质、连接方法等的选择均应根据环境的危险等级进行。

1. 敷设位置

电气线路应当敷设在爆炸危险性较小或距离释放源较远的位置。

2. 敷设方式

爆炸性危险环境中电气线路主要有防爆钢管配线和电缆配线。在敷设时的最小截面、接线盒、管子连接要求等方面应满足对爆炸性危险区域的防爆技术要求。

3. 隔离密封

敷设电气线路的沟道以及保护管、电缆或钢管在穿过爆炸性危险环境等级不同的区域之间的隔墙或楼板时,应采用非燃性材料并严密封堵。

4. 导线材料选择

爆炸性危险环境危险等级 1 区的范围内,配电线路应采用铜芯导线或电缆。在有剧烈振动处应选用多股铜芯软线或多股铜芯电缆。煤矿井下不得采用铝芯电力电缆。

爆炸性危险环境危险等级 2 区的范围内,电力线路应采用截面积 $4mm^2$ 及以上的铝芯导线或电缆,照明线路可采用截面积 $2.5mm^2$ 及以上的铝芯导线或电缆。

5. 电气线路的连接

1 区和 2 区的电气线路的中间接头必须在与该危险环境相适应的防爆型的接线盒内部。1 区宜采用隔爆型接线盒,2 区可采用增安型接线盒。2 区的电气线路若选用铝芯电缆或导线时,必须有可靠的铜铝过渡接头(图 4-7)。

图 4-7 铜铝过渡接头

四、雷击和静电防护技术

(一) 防雷技术

1. 防雷分类

防雷主要包括外部防雷、内部防雷及防雷击电磁脉冲。

（1）外部防雷。即针对直击雷的防护，不包括防止外部防雷装置受到直接雷击时向其他物体的反击。

（2）内部防雷。包括防雷电感应、防反击以及防雷击电涌侵入。

（3）防雷击电磁脉冲。对建筑物内电气系统和电子系统防雷电流引发的电磁效应，包含防经导体传导的闪电电涌和防辐射脉冲电磁场效应。

2. 防雷装置

防雷装置是指用于雷电防护的整套装置，由外部防雷装置和内部防雷装置组成。

（1）外部防雷装置。指用于防直击雷的防雷装置，由接闪器、引下线和接地装置组成。

①接闪器。接闪器利用其高出被保护物的地位，把雷电引向自身，通过引下线和接地装置，把雷电流泄入大地，保护被保护物免受雷击。常见的接闪器有接闪杆（避雷针）、接闪带（避雷带）、接闪线（避雷线）、接闪网（避雷网）以及金属屋面、金属构件等。

②引下线。连接接闪器与接地装置的圆钢或扁钢等金属导体，用于将雷电流从接闪器传导至接地装置。防直击雷的专设引下线距建筑物出入口或人行道边缘不宜小于 3m。

③接地装置。接地装置是接地体和接地线的总称，用于传导雷电流并将其流入大地。

防雷接地电阻通常指冲击接地电阻，独立接闪杆的冲击接地电阻不应大于10Ω，附设接闪器每根引下线的冲击接地电阻不应大于10Ω。

（2）内部防雷装置。由屏蔽导体、等电位连接件和电涌保护器等组成。对于变配电设备，常采用避雷器作为防止雷电波侵入的装置。

①屏蔽导体。通常指电阻率小的良导体材料，如建筑物的钢筋及金属构件；电气设备及电子装置的金属外壳；电气及信号线路的外设金属管、线槽、外皮、网、膜等。屏蔽导体可构成屏蔽层，当空间干扰电磁波入射到屏蔽层金属体表面时，会产生反射和吸收，电磁能量被衰减，从而起到屏蔽作用。

②等电位连接件。包括等电位连接带、等电位连接导体等。各导电物体连接起来可减小雷电流在它们之间产生的电位差。

③电涌保护器。指用于限制瞬态过电压和分泄电涌电流的器件。其作用是把窜入电力线、信号传输线的瞬态过电压限制在设备或系统所能承受的电压范围内，或将强大的雷电流泄入大地，防止设备或系统遭受闪电电涌冲击而损坏。

④避雷器。避雷器用来防护雷电产生的过电压沿线路侵入变配电所或建筑物内，以免危及被保护电气设备的安全。

避雷器主要分为阀型避雷器和氧化锌避雷器等。阀型避雷器上端接在架空线路上，下端接地。正常时避雷器对地保持绝缘状态，当雷电冲击波到来时，避雷器被击穿，将雷电引入大地，冲击波过去后，避雷器自动恢复绝缘状态。氧化锌阀片在正常工频电压下呈高电阻特性，对地绝缘，在大电流时呈低电阻特性，对地导通，将雷电流引入大地。

3. 防雷措施

各类建筑物均应设置防直击雷的外部防雷装置并应采取防闪电电涌侵入的措施。此外，各类建筑物还应设内部防雷装置。在建筑物的地下室或地面层处，建筑物金属体、金属装置、建筑物内系统、进出建筑物的金属管线等物体应与防雷装置做防雷等电位连接。并且应考虑外部防雷装置与建筑物金属体、金属装置、建筑物内系统之间的间隔距离。

（1）直击雷防护措施。建筑物应设置防直击雷的外部防雷装置。直击雷防护的主要措施是装设接闪杆、架空接闪线或网。

（2）闪电感应防护措施。闪电感应的防护主要有静电感应防护和电磁感应防护两方面。

①静电感应防护。为了防止静电感应产生的过电压，应将建筑物内的设备、管道、构架、钢屋架、钢窗、电缆金属外皮等较大金属物和突出屋面的放散管、风管等金属物，均与防闪电感应的接地装置相连。

②电磁感应防护。为了防止电磁感应，平行敷设的管道、构架和电缆金属外皮等长金属物，其净距小于 100mm 时，应采用金属线跨接，跨接点之间的距离不应超过 30m；交叉净距小于 100mm 时，其交叉处也应跨接。

（3）闪电电涌侵入防护。室外低压配电线路宜全线采用电缆直接埋地敷设，在入户处应将电缆金属外皮、钢管接到等电位连接带或防闪电感应的接地装置上。

（4）人身防直击雷。雷雨天气情况下，人身防雷应注意的要点如下。

①为了防止直击雷伤人，应减少在户外活动，尽量避免在野外逗留。应尽量离开山丘、海滨、河边、池旁，不要暴露于室外空旷区域。不要骑在牲畜上或骑自行车行走。不要用金属杆的雨伞，不要把带有金属杆的工具如铁锹、锄头扛在肩上。避开铁丝网、金属晒衣绳等。

②为了防止二次放电和跨步电压伤人，要远离建筑物的接闪杆及接地引下线，远离各种天线、电线杆、高塔、烟囱、旗杆、孤独的树木和没有防雷装置的孤立小建筑等。

（5）室内人身防雷。雷雨天气情况下，室内人身防雷应注意以下几点。

①人体最好离开可能传来雷电侵入波的照明线、动力线、电话线、广播线、收音机和电视机电源线，尽量暂时不用电器，最好拔掉电源插头。

②不要靠近室内的金属管线，如暖气片、自来水管、下水管等，以防止这些导体对人体的二次放电。

③关好门窗，防止球雷窜入室内造成危害。

（二）静电危害预防

1. 环境危险控制

为了防止静电的危害，可采取以下措施控制所在环境爆炸和火灾危险性。

（1）取代易燃介质。例如，用三氯乙烯、四氯化碳、苛性钠或苛性钾代替汽油、煤油作洗涤剂，能够具有良好的防爆效果。

（2）降低爆炸性气体、蒸气混合物的浓度。在爆炸和火灾危险环境，采用机械通风装置及时排出爆炸性危险物质。

（3）减少氧化剂含量。充填氮、二氧化碳或其他不活泼的气体，减少爆炸性气体、蒸气或爆炸性粉尘中氧的含量，以消除燃烧条件。

2. 工艺控制

从工艺上采取适当的措施，限制和避免静电的产生和积累。如为了限制产生危险的静电，汽油槽罐车采用顶部装油时，装油鹤管应深入到槽罐的底部200mm。

3. 接地

凡用来加工、储存、运输各种易燃液体、易燃气体和粉体的设备都必须接地。工厂或车间的氧气、乙炔等管道必须连成一个整体，并予以接地。可能产生静电的管道两端和每隔200~300m处均应接地。平行管道距离在10cm以内，每隔20m应用连接线互相连接起来。管道与管道或管道与其他金属物件交叉或接近，其间距离小于 10cm 时，也应互相连接起来。

汽车槽罐车、铁路槽罐车在装油前，应与储油设备跨接并接地；装、卸完毕先拆除油管，后拆除跨接线和接地线。

4. 增湿

局部环境的相对湿度宜增加至 50% 以上。

5. 抗静电添加剂

抗静电添加剂是具有良好导电性或较强吸湿性的化学药剂。加入抗静电添加剂之后，材料能降低体积电阻率或表面电阻率。

6. 静电中和器

静电中和器是指将气体分子进行电离，产生消除静电所必要的离子的机器，也称为静电消除器。使用静电中和器，让与带电物体上静电荷极性相反的离子去中和带电物体上的静电，以减少物体上的带电量。

7. 防人体静电

在危险等级为 0 区及 1 区作业的人员，应穿防静电工作服、防静电工作鞋、袜，佩戴防静电手套。禁止在静电危险场所穿脱衣物、帽子及类似物，并避免剧烈的身体运动。

五、电气装置安全技术

（一）变配电站一般安全要求

变配电站是企业的动力枢纽。变配电站装有变压器、互感器、避雷器、电力电容器、高低压开关、高低压母线、电缆等多种高压设备和低压设备。变配电站发生事故，不仅使整个生产活动不能正常进行，还可能导致火灾和人身伤亡事故。

1. 变配电站出口

长度超过 7m 的高压配电室和长度超过 10m 的低压配电室至少应有两个出口。变配电站的门应向外开启，门的两面都有配电装置时，应两边开启。门应为非燃烧体或难燃烧体材料制作的实体门。

2. 通道

变配电站室内各通道应符合要求。高压配电装置长度大于6m时，通道应设 2 个出口；低压配电装置 2 个出口间的距离超过 15m 时，中间应增加 1 个出口。

3. 通风

蓄电池室、变压器室、电力电容器室应有良好的通风。

4. 封堵

门窗及孔洞应设置网孔小于 10mm×10mm 的金属网，防止小动物钻入。通向站外的孔洞、沟道应予封堵。

5. 安全标志和工作牌

变配电站的各处，应根据实际需要设置符合规定要求的安全警示标志，如"小心触电""高压危险"等；变配电站必须备有符合规定要求的工作牌，如"有人工作，禁止合闸"等。

6. 连锁装置

断路器与隔离开关操动机构之间、电力电容器的开关与其放电负荷之间应装有可靠的连锁装置。

7. 正常运行

电流、电压、功率因数、油量、油色、温度指示应正常；连接点应无松动、过热迹象；门窗、围栏等辅助设施应完好；声音应正常，应无异常气味；瓷绝缘不得掉瓷、有裂纹和放电痕迹并保持清洁；充油设备不得漏油、渗油。

8. 安全用具和灭火器材

变配电站应备有绝缘杆、绝缘夹钳、绝缘靴、绝缘手套、绝缘垫、绝缘站台、临时接地线、验电器、脚扣、安全带、梯子等各种安全用具，需要定期检测的安全用具必须按规定定期检测，并将检测标识粘贴在不易碰到的位置，未经检测的安全用具不得使用。

变配电站应配备可用于带电灭火的灭火器材。变配电站内应安装事故应急照明灯，安全出口处应设置灯箱式"安全出口"指示牌。

（二）变配电设备安全要求

除上述变配电站的一般安全要求外，变压器等设备尚需满足以下安全要求。

1. 电力变压器的运行

运行中变压器高压侧电压偏差不得超过额定值的±5%，低压最大不平衡电流不得超过额定电流的25%。上层油温一般不应超过85℃；冷却装置应保持正常，变压器室的门窗、通风孔、百叶窗、防护网、照明灯应完好；室外变压器基础不得下沉，电杆应牢固，不得倾斜。

干式变压器的安装场所应有良好的通风，且空气相对湿度不得超过70%。

2. 高压开关

高压开关主要包括高压断路器、高压隔离开关和高压负荷开关。高压开关用以完成电路的转换，有较大的危险性。

（1）高压断路器。高压断路器有强力灭弧装置，既能在正常情况下接通和分断负荷电流，又能借助继电保护装置在故障情况下切断过载电流和短路电流。

高压断路器必须与高压隔离开关或隔离插头串联使用，由断路器接通和分断电流，由隔离开关或隔离插头隔断电源。因此，切断电路时必须先拉开断路器，后拉开隔离开关；接通电路时必须先合上隔离开关，后合上断路器。为确保断路器与隔离开关之间的正确操作顺序，除严格执行操作制度外，10kV系统中常安装机械式或电磁式连锁装置。

（2）高压隔离开关。高压隔离开关简称刀闸，没有专门的灭弧装置，不能用来接通和分断负荷电流，更不能用来切断短路电流，主要用来隔断电源，以保证检修和倒闸操作的安全。

隔离开关不能带负荷操作，拉闸、合闸前应检查与之串联安装的断路器是否处在分闸位置。运行中的高压隔离开关连接部位温度不得超过75℃，机构应保持灵活。

（3）高压负荷开关。高压负荷开关有比较简单的灭弧装置，用来接通和断开负荷电流。高压负荷开关必须与有高分断能力的高压熔断器配合使用，由熔断器切断短路电流。高压负荷开关分断负荷电流时有强电弧产生，因此，其前方不得有可燃物。

3. 配电柜（箱）

配电柜（箱）分为动力配电柜（箱）和照明配电柜（箱），是配电系统的末级设备。

（1）配电柜（箱）安装。

①配电柜（箱）应用不可燃材料制作。

②触电危险性大或作业环境较差的加工车间、铸造、锻造、热处理、锅炉房、木工房等场所，应安装封闭式箱柜。

③有导电性粉尘或产生易燃易爆气体的危险作业场所，必须安装密闭式或防爆型配电箱。

④配电柜（箱）各电气元件、仪表、开关和线路应排列整齐、安装牢固、操作方便，柜（箱）内应无积尘、积水和杂物。

⑤落地安装的配电柜（箱）底面应高出地面50～100mm，操作手柄中心高度一般为1.2～1.5m，柜（箱）前方0.8～1.2m的范围内无障碍物。

⑥配电柜（箱）以外不得有裸带电体外露，装设在柜（箱）外表面或配电板上的电气元件，必须有可靠的屏护。

（2）配电柜（箱）运行。配电柜（箱）内各电气元件及线路应接触良好、连接可靠，不得有严重发热、烧损现象。配电柜（箱）的门应完好，门锁应有专人保管。

4. 低压保护电器

低压保护电器主要用来获取、转换和传递信号，并通过其他电器对电路实现控制。熔断器和热继电器属于最常见的低压保护电器。

（1）熔断器。熔断器熔体的热容量很小，动作很快，适用于短路保护。在照明线路及其他没有冲击载荷的线路中，熔断器也可用作过载保护元件。

（2）热继电器。热继电器也是利用电流的热效应制成的。它主要由热元件、双金属片、控制触头等组成。热继电器的热容量较大，动作不快，只用于过载保护。

第二节　防火防爆安全技术

一、火灾爆炸事故机理

（一）燃烧与火灾

1. 燃烧及条件

（1）燃烧。燃烧是物质与氧化剂之间的放热反应，它通常同时释放出火焰或可见光。

（2）火灾。火灾是在时间或空间上失去控制的燃烧所造成的灾害。

（3）燃烧和火灾的必要条件。同时具备氧化剂、可燃物、点火源，即火的三要素。这三个要素中缺少任何一个，燃烧都不能发生或持续。在火灾防治中，阻断三要素的任何一个要素就可以扑灭火灾。

（4）不同燃烧物的燃烧。气态物质通常是扩散燃烧，即燃料与氧化剂边混合边燃烧；可燃液体首先蒸发成蒸气，蒸气与氧化剂再发生燃烧；固态可燃物先通过热分解等过程产生可燃气体，可燃气体与氧化剂再发生燃烧。

2. 火灾分类

按物质的燃烧特性将火灾分为 6 类，具体见表 4-3。

表 4-3　火灾分类

火灾类别	说明
A 类火灾	固体物质火灾，如木材、棉、毛、麻、纸张火灾等
B 类火灾	液体火灾和可熔化的固体物质火灾，如汽油、煤油、柴油、原油、甲醇、乙醇、沥青、石蜡火灾等
C 类火灾	气体火灾，如煤气、天然气、甲烷、乙烷、丙烷、氢气火灾等
D 类火灾	金属火灾，如钾、钠、镁、钛、锆、锂、铝镁合金粉火灾等
E 类火灾	带电火灾，是物体带电燃烧的火灾，如发电机、电缆、家用电器等
F 类火灾	烹饪器具内烹饪物火灾，如动植物油脂等

3. 火灾基本概念及参数

（1）闪燃。可燃物表面或可燃液体上方在很短时间内重复出现的火焰一闪即灭的现象。闪燃往往是持续燃烧的先兆。

（2）阴燃。没有火焰的缓慢燃烧现象称为阴燃。很多固体物质，如纸张、锯末、纤维织物等，都有可能发生阴燃，特别是当它们堆积起来时。

（3）爆燃。伴随爆炸的燃烧波，以亚音速传播。

（4）自燃。可燃物在空气中在没有外来火源的作用下，靠自热或外热而发生燃烧的现象。根据热源的不同，物质自燃分为自热自燃和受热自燃两种。

（5）闪点。在规定条件下，材料或制品加热到释放出的气体瞬间着火并出现火焰的最低温度。闪点是衡量物质火灾危险性的重要参数。一般情况下闪点越低，火灾危险性越大。

（6）燃点。在规定的条件下，可燃物质产生自燃的最低温度。燃点对可燃固体和闪点较高的液体具有重要意义，在控制燃烧时，需将可燃物的温度降至其燃点以下。一般情况下燃点越低，火灾危险性越大。

（7）自燃点。在规定条件下，不用任何辅助引燃能源而达到引燃的最低温度。液体和固体可燃物受热分解并且析出来的可燃气体挥发物越多，其自燃点越低。固体可燃物粉碎得越细，其自燃点越低。一般情况下，密度越大，闪点越高，则自燃点越低。

（8）引燃能。引燃能是指释放能够触发初始燃烧化学反应的能量，也称为最小点火能，影响其反应发生的因素包括温度、释放的能量、热量和加热时间。

（二）爆炸

1. 爆炸及其分类

爆炸是物质系统的一种极为迅速的物理的或化学的能量释放或转化过程，是系统蕴藏的或瞬间形成的大量能量在有限的体积和极短的时间内，骤然释放或转化的现象。在这种释放和转化的过程中，系统的能量将转化为机械功以及光和热等。

（1）爆炸特征。一般来说，爆炸具有以下特征。

①爆炸过程高速进行。

②爆炸点附近压力急剧升高，多数爆炸伴有温度升高。

③发出或大或小的响声。

④周围介质发生震动或邻近的物质遭到破坏。

（2）爆炸分类。

①按照能量的来源，爆炸可分为物理爆炸、化学爆炸和核爆炸。

②按照爆炸反应相的不同，爆炸可分为气相爆炸、液相爆炸和固相爆炸。

气相爆炸：包括可燃性气体和助燃性气体混合物的爆炸；

气体的分解爆炸；液体被喷成雾状物在剧烈燃烧时引起的爆炸（喷雾爆炸）；飞扬悬浮于空气中的可燃粉尘引起的爆炸等。

液相爆炸：包括聚合爆炸、蒸发爆炸以及由不同液体混合所引起的爆炸。例如硝酸和油脂、液氧和煤粉等混合时引起的爆炸；熔融的矿渣与水接触或钢液包与水接触时，由于过热发生快速蒸发引起的蒸汽爆炸等。

固相爆炸：包括爆炸性化合物及其他爆炸性物质的爆炸（如乙炔铜的爆炸）；导线因电流过载，由于过热，金属迅速汽化而引起的爆炸等。

2. 爆炸的破坏作用

（1）冲击波。爆炸形成的高温、高压、高能量的气体产物，以极高的速度向周围膨胀，强烈压缩周围静止的空气，使其压力、密度和温度突跃升高，产生波状气压向四周扩散冲击。冲击波能造成附近建筑物的破坏，其破坏程度与冲击波能量的大小、建筑物的坚固程度及其与产生冲击波的中心距离有关。

（2）碎片冲击。爆炸的机械破坏效应会使容器、设备、装置以及建筑材料等的碎片，在相当大的范围内飞散而造成伤害。碎片的四处飞散距离可达数十到数百米。

（3）震荡作用。爆炸发生时，特别是较猛烈的爆炸往往会引起短暂的地震波，这种地震波会造成建筑物的震荡、开裂、松散倒塌等危害。

（4）二次事故。发生爆炸时，如果车间、库房（如制氢车间、汽油库或其他建筑物）里存放有可燃物，会造成火灾；高空作业人员受冲击波或震荡作用，会造成高处坠落事故；粉尘作业场所轻微的爆炸冲击波会使积存在地面上的粉尘扬起，造成更大范围的二次爆炸等。

3. 爆炸极限

（1）爆炸极限。可燃物质（可燃气体、蒸气和粉尘）与空气（或氧气）在一定的浓度范围内均匀混合，形成预混气体，遇点火源才会发生爆炸，这个浓度范围称为爆炸极限。一些可燃气体在空气中的爆炸极限见表4-4。预混气体能够发生爆炸的最低浓度称为爆炸下限；能发生爆炸的最高浓度称为爆炸上限。物质的爆炸极限越大，爆炸的危险性越大；物质的爆炸下限越低，爆炸的危险性越大。

表4-4　可燃气体在空气中的爆炸极限

物质名称	在空气中的爆炸极限（%）
甲烷	4.9~15
乙烷	3~15
丙烷	2.1~9.5
丁烷	1.5~8.5
乙烯	2.75~34
乙炔	1.53~34
氢	4~75
氨	15~28
一氧化碳	12~74.5

（2）爆炸极限的影响因素。爆炸极限值不是一个物理常数，它随试验条件的变化而变化，影响因素主要有温度、压力、惰性气体、容器、点火源等。这些影响因素对爆炸极限的影响能为生产中预防爆炸提供指南。

①温度的影响。混合爆炸气体的初始温度越高，爆炸下限越低，上限越高，爆炸危险性越大。

②压力的影响。混合气体的初始压力对爆炸极限的影响较复杂，在0.1~2.0MPa的压力下，对爆炸下限影响不大，对爆

炸上限影响较大；当大于 2.0MPa 时，爆炸下限变小，爆炸上限变大，爆炸范围扩大。值得重视的是当混合物的初始压力减小时，爆炸范围缩小，当压力降到某一数值时，则会出现下限与上限重合，这就意味着初始压力再降低时，不会使混合气体爆炸。

③惰性介质的影响。若在混合气体中加入惰性气体（如氮、二氧化碳、水蒸气、氩、氦等），随着惰性气体含量的增加，爆炸范围缩小。当惰性气体的浓度增加到某一数值时，爆炸上限和下限趋于一致，混合气体不发生爆炸。

④爆炸容器的影响。爆炸容器的材料和尺寸对爆炸极限有影响，若容器材料的传热性好，管径越细，火焰在其中越难传播，爆炸范围变小。当容器直径或火焰通道小到某一数值时，火焰就不能传播下去。

⑤点火源的影响。点火源的活化能量越大，加热面积越大，作用时间越长，爆炸范围也越大。

4. 粉尘爆炸

（1）粉尘爆炸。当可燃性固体呈粉尘状态，粒度足够细，飞扬悬浮于空气中，并达到一定浓度，遇到足够的点火能量，就能发生爆炸。具有粉尘爆炸危险性的物质较多，常见的有金属粉尘（如镁粉、铝粉等）、煤粉、粮食粉尘、饲料粉尘、棉麻粉尘、烟草粉尘、纸粉、木粉、炸药粉尘及大多数含有 C 和 H 元素、与空气中氧反应能放热的有机合成材料粉尘等。

（2）粉尘爆炸的特点。粉尘爆炸具有如下特点。

①粉尘爆炸速度或爆炸压力上升速度比气体爆炸小，但燃烧时间长，产生的能量大，破坏程度大。

②爆炸感应期较长。粉尘的爆炸过程比气体的爆炸过程复杂，要经过尘粒的表面分解或蒸发阶段及由表面向中心燃烧的过程，所以感应期比气体长得多。

③有连续爆炸的可能性。因为粉尘初次爆炸产生的冲击波会

将沉积的粉尘扬起，悬浮在空气中，在新的空间形成达到爆炸极限的混合物，而飞散的火花和辐射热成为点火源，引起第二次、第三次，甚至更多次爆炸，这种连续爆炸会造成严重的破坏。

（3）粉尘爆炸条件。

①粉尘本身具有可燃性。

②粉尘悬浮在空气中并达到一定浓度（达到爆炸极限）。

③有足以引起粉尘爆炸的能量。

二、消防设施与器材

消防设施是指火灾自动报警系统、自动灭火系统、消火栓系统、防烟排烟系统以及应急广播和应急照明、安全疏散设施等。

（一）火灾自动报警系统

火灾自动报警系统主要完成探测和报警功能，系统是由触发装置、火灾报警装置、火灾警报装置和电源等部分组成的通报火灾发生的全套设备。其基本构成见图4-8。

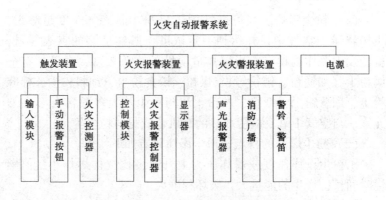

图4-8　火灾自动报警系统

1. 系统分类

根据工程建设的规模、保护对象的性质、火灾报警区域的划分和消防管理机构的组织形式，将火灾自动报警系统划分为三种基本形式：区域火灾报警系统、集中报警系统和控制中心报警系统。区域报警系统一般适用于二级保护对象；集中报警系统一般适用于一级、二级保护对象；控制中心报警系统一般适用于特级、一级保护对象。

（1）区域报警系统包括火灾探测器、手动报警按钮、区域火灾报警控制器、火灾警报装置和电源等部分。这种系统比较简单，使用很广泛，例如行政事业单位，工矿企业的要害部门和娱乐场所均可使用。

（2）集中报警系统由一台集中报警控制器、两台以上的区域报警控制器、火灾警报装置和电源等组成。高层宾馆饭店、大型建筑群一般使用的都是集中报警系统。集中报警控制器设在消防控制室，区域报警控制器设在各层的服务台处。

（3）控制中心报警系统除了集中报警控制器、区域报警控制器、火灾探测器外，在消防控制室内增加了消防联动控制设备。被联动控制的设备包括火灾警报装置、火警电话、火灾应急照明、火灾应急广播、防排烟、通风空调、消防电梯和固定灭火控制装置等。控制中心报警系统用于大型宾馆、饭店、商场、办公室、大型建筑群和大型综合楼等。

2. 火灾报警控制器

火灾报警控制器是火灾自动报警系统中的主要设备，它除了具有控制、记忆、识别和报警功能外，还具有自动检测、联动控制、打印输出、图形显示、通信广播等功能。火灾报警控制器按其用途不同，可分为区域火灾报警控制器、集中火灾报警控制器和通用火灾报警控制器三种基本类型。

（二）自动灭火系统

1. 水灭火系统

水灭火系统包括室内外消火栓系统、自动喷水灭火系统、水幕和水喷雾灭火系统。

2. 气体自动灭火系统

以气体作为灭火介质的灭火系统称为气体灭火系统。气体灭火系统的使用范围是由气体灭火剂的灭火性质决定的。灭火剂应具有以下特性：化学稳定性好、耐储存、腐蚀性小、不导电、毒性低、蒸发后不留痕迹、适用于扑救等多种类型火灾。

3. 泡沫灭火系统

泡沫灭火系统指空气机械泡沫系统。按发泡倍数泡沫系统可分为低倍数泡沫灭火系统、中倍数泡沫灭火系统和高倍数泡沫灭火系统。发泡倍数在 20 倍以下的称低倍数泡沫，发泡倍数 21~200 倍的称中倍数泡沫，发泡倍数在 201~1 000倍的称高倍数泡沫。

4. 防排烟系统

防排烟系统能改善着火地点的环境，使建筑物内的人员安全撤离现场，消防人员能迅速靠近火源，用最少的灭火剂在损失最小的情况下将火扑灭。此外，它还能将未燃烧的可燃性气体在形成易燃烧混合物之前驱散，避免轰燃或烟气爆炸。将火灾现场的烟和热及时排出，减弱火势的蔓延，排除灭火的障碍，是灭火的配套措施。

防排烟系统有自然排烟和机械排烟两种形式。排烟窗、排烟井是建筑物中常见的自然排烟形式，它们主要适用于烟气具有足够大的浮力、可能克服其他阻碍烟气流动的驱动力的区域。机械排烟可克服自然排烟的局限，有效地排出烟气。机械排烟系统可以减少着火层烟气向其他部位的扩散，利用加压进风有可能建立无烟区空间，可防止烟气越过挡烟屏障进入压力较高的空间。

5. 火灾应急广播与警报装置

火灾应急广播是火灾时（或意外事故时）指挥现场人员进

行疏散的设备。

火灾警报装置（包括警铃、警笛、警灯等）是发生火灾时向人们发出警告的装置，即告诉人们着火了，或者有什么意外事故。

（三）灭火剂和灭火器

1. 灭火剂

灭火剂是能够有效地破坏燃烧条件、终止燃烧的物质。灭火剂被喷射到燃烧物和燃烧区域后，通过一系列的物理、化学作用，可使燃烧物冷却、燃烧物与氧气隔绝、燃烧区内氧的浓度降低、燃烧的连锁反应中断，最终导致维持燃烧的必要条件受到破坏，停止燃烧反应，从而起到灭火作用。

（1）水和水系灭火剂。水是最常用的灭火剂，它既可以单独用来灭火，也可以在其中添加化学物质配制成混合液使用，从而提高灭火效率，减少用水量。这种在水中加入化学物质的灭火剂称为水系灭火剂。

水能从燃烧物中吸收很多热量，使燃烧物的温度迅速下降，使燃烧终止。水在受热汽化时，体积增大 1 700 多倍，当大量的水蒸气笼罩于燃烧物的周围时，可以阻止空气进入燃烧区，从而大大减少氧的含量，使燃烧因缺氧而窒息熄灭。在用水灭火时，加压水能喷射到较远的地方，具有较大的冲击作用，能冲过燃烧表面进入内部，从而使未着火的部分与燃烧区隔离开来，防止燃烧物继续分解燃烧。水能稀释或冲淡某些液体或气体，降低燃烧强度，能浇湿未燃烧的物质，使之难以燃烧，还能吸收某些气体、蒸气和烟雾，有助于灭火。

（2）气体灭火剂。由于气体灭火剂具有释放后对保护设备无污染、无损害等优点，其防护对象逐步向各种不同领域扩充。二氧化碳具有隔绝空气、窒息火灾的特性，而且来源广、不含水、不导电、无腐蚀，对绝大多数物质无破坏作用，因此二氧化碳灭火剂应用非常广泛，在扑灭精密仪器和一般电气火灾时均可以使用。

二氧化碳灭火剂不宜用来扑灭金属钾、镁、钠、铝等及金属过氧化物（如过氧化钾、过氧化钠）、有机过氧化物、氯酸盐、硝酸盐、高锰酸盐、亚硝酸盐、重铬酸盐等氧化剂的火灾。因为二氧化碳从灭火器中喷出时，温度降低，使环境空气中的水蒸气凝聚成小水滴，上述物质遇水即发生反应，释放大量的热量，同时释放出氧气，使二氧化碳的窒息作用受到影响。

（3）泡沫灭火剂。泡沫灭火剂有两大类型，即化学泡沫灭火剂和空气泡沫灭火剂。化学泡沫是通过硫酸铝和碳酸氢钠的水溶液发生化学反应，产生二氧化碳而形成泡沫。空气泡沫是由含有表面活性剂的水溶液在泡沫发生器中通过机械作用而产生的，泡沫中所含的气体为空气。泡沫灭火剂靠泡沫覆盖着火对象表面，将空气隔绝而灭火。

（4）干粉灭火剂。干粉灭火剂由一种或多种具有灭火能力的细微无机粉末组成，主要包括活性灭火组分、疏水成分、惰性填料。窒息、冷却、辐射及对有焰燃烧的化学抑制作用是干粉灭火效能的集中体现，其中化学抑制作用是灭火的基本原理，起主要灭火作用。

2. 灭火器

灭火器由筒体、器头、喷嘴等部件组成，借助驱动压力可将所充装的灭火剂喷出，达到灭火目的。灭火器由于结构简单、操作方便、轻便灵活、使用面广，是扑救初起火灾的重要消防器材。灭火器的种类很多，按其移动方式分为手提式、推车式和悬挂式；按驱动灭火剂的动力来源可分为储气瓶式、储压式、化学反应式；按所充装的灭火剂则又可分为清水、泡沫、酸碱、二氧化碳、干粉等。

（1）清水灭火器。清水灭火器充装的是清洁的水并加入适量的添加剂，采用储气瓶加压的方式，利用钢瓶中的气体作动力，将灭火剂喷射到着火物上，达到灭火的目的。清水灭火器适用于扑救可燃固体物质火灾，即 A 类火灾。

（2）泡沫灭火器。泡沫灭火器包括化学泡沫灭火器和空气泡沫灭火器两种，分别是通过筒内酸性溶液与碱性溶液混合后发生化学反应或借助气体压力，喷射出泡沫覆盖在燃烧物的表面上，隔绝空气起到窒息灭火的作用。泡沫灭火器适合扑救脂类、石油产品等 B 类火灾以及木材等 A 类火灾，不能扑救 B 类水溶性火灾，也不能扑救带电设备及 C 类和 D 类火灾。

（3）酸碱灭火器。酸碱灭火器由筒体、筒盖、硫酸瓶胆、喷嘴等组成。筒体内装有碳酸氢钠水溶液，硫酸瓶胆内装有浓硫酸。瓶胆口用铅塞，封住瓶口，以防瓶胆内的浓硫酸吸水稀释或同瓶胆外的药液混合。酸碱灭火器的作用原理是利用两种药剂混合后发生化学反应，产生压力使药剂喷出，从而扑灭火灾。只适用于扑救 A 类物质的初起火灾，如木、竹、织物、纸张等燃烧的火灾。

（4）二氧化碳灭火器。二氧化碳灭火器是利用其内部充装的液态二氧化碳的蒸气压力，将二氧化碳喷出灭火的一种灭火器具，通过降低氧气含量，造成燃烧区窒息而灭火。一般当氧气的含量低于 12% 或二氧化碳浓度达 30%~35% 时，燃烧终止。1kg 的二氧化碳液体，在常温常压下能生成 500L 左右的气体，这些足以使 $1m^2$ 空间范围内的火焰熄灭。由于二氧化碳是一种无色的气体，灭火不留痕迹，并有一定的电绝缘性能，因此，更适于扑救 600V 以下带电电器、贵重设备、图书档案、精密仪器仪表的初起火灾，以及一般可燃液体的火灾。

（5）干粉灭火器。干粉灭火器以液态二氧化碳或氮气作动力，将灭火器内干粉灭火剂喷出进行灭火。该类灭火器主要通过抑制作用灭火，按使用范围可分为普通干粉和多用干粉两大类。普通干粉也称 BC 干粉，是指碳酸氢钠干粉、改性钠盐、氨基干粉等，主要用于扑灭可燃液体、可燃气体以及带电设备火灾。多用干粉也称 ABC 干粉，是指磷酸铵盐干粉、聚磷酸铵干粉等，它不仅适用于扑救可燃液体、可燃气体和带电设备的火灾，还适用于扑救一般固体物质火灾，但都不能扑救金属火灾。

三、防火防爆安全技术

（一）防火防爆基本原则

1. 预防火灾基本原则

预防火灾应遵循如下基本原则：以不燃溶剂代替可燃溶剂；密闭和负压操作；通风除尘；惰性气体保护；采用耐火材料；严格控制火源；阻止火焰的蔓延；抑制火灾可能发展的规模；组织训练消防队伍和配备相应消防器材。

2. 防爆基本原则

防爆的基本原则是根据对爆炸过程特点的分析采取相应的措施，防止第一过程的出现，控制第二过程的发展，削弱第三过程的危害。主要应采取以下措施：防止爆炸性混合物的形成；严格控制火源；及时泄出燃爆开始时的压力；切断爆炸传播途径；减弱爆炸压力和冲击波对人员、设备和建筑的损坏；检测报警。

（二）点火源及其控制

工业生产过程中，存在着多种引起火灾和爆炸的点火源，如明火、化学反应热、化工原料的分解自燃、热辐射、高温表面、摩擦和撞击、绝热压缩、电气设备及线路的过热和火花、静电放电、雷击和日光照射等。消除点火源是防火和防爆的最基本措施，控制点火源对防止火灾和爆炸事故的发生具有极其重要的意义。

1. 明火

明火是指敞开的火焰、火星和火花等，如生产过程中的加热用火、维修焊接用火及其他火源是导致火灾爆炸最常见的原因。

（1）加热用火的控制。加热易燃物料时要尽量避免采用明火设备，而宜采用热水或其他介质间接加热，如蒸汽或密闭电气加热等加热设备，不得采用电炉、火炉、煤炉等直接加热。明火加热应远离可能泄漏易燃气体或蒸气的工艺设备和储罐区，并应布置在其上风侧或侧风侧。对于有飞溅火花的加热装置，应布置在上述设备的侧风向。生产系统中如果存在能产生明火的设备，应将其集中布置于系统的边缘。如必须采用明火，设备应密闭且附近不得存放可燃物质。

（2）维修焊割用火的控制。焊接切割时，飞散的火花及金属熔融颗粒的温度高达1 500~2 000℃，高空作业时飞散距离可达20m远，所以此类作业容易酿成火灾爆炸事故。因此，在焊割时必须注意以下几点：

①在输送、盛装易燃物料的设备、管道上，或在可燃可爆区域内动火时，应将系统和环境进行彻底的清洗或清理。如该系统与其他设备连通时，应将相连的管道拆下断开或加堵金属盲板，再进行清洗。然后用惰性气体进行吹扫置换，气体分析合格后方可作业。

②动火现场应配备必要的消防器材，并将可燃物品清理干净。在可能积存可燃气体的管沟、电缆沟、深坑、下水道内及其附近，应用惰性气体吹扫干净，再用非燃体如石棉板进行遮盖。

③气焊作业时，应将乙炔发生器放置在安全地点，以防回火爆炸伤人或将易燃物引燃。

④焊把线破残应及时更换，不得利用与易燃易爆生产设备有联系的金属构件作为电焊地线，以防止在电路接触不良的地方产生高温或电火花。

（3）其他明火。存在火灾和爆炸危险的场所，如厂房、仓库、油库等地，不得使用蜡烛、火柴或普通灯具照明；汽车、拖拉机一般不允许进入，如确需进入，其排气管上应安装火花熄灭器。在有爆炸危险的车间和仓库内，禁止吸烟和携带火柴、打火机等。为此，应在醒目的地方张贴警示标志以引起注意。明火与有火灾爆炸危险的厂房和仓库相邻时，应保证足够的安全距离，石化企业与甲、乙类工艺装置或设施，甲、乙类液体罐组，液化烃罐组，全厂性或区域性重要设施应保持 90m 的防火间距。

2. 摩擦和撞击

摩擦和撞击往往是可燃气体、蒸气和粉尘、爆炸物品等着火爆炸的根源之一。在易燃易爆场合应避免这种现象的发生，如工人应禁止穿钉鞋、不得使用铁器制品。

搬运储存可燃物体和易燃液体的金属容器时，应当用专门的运输工具，禁止在地面上滚动、拖拉或抛掷，并防止容器互相撞击，以免产生火花，引起燃烧或容器爆裂造成事故。

吊装可燃易爆物料用的起重设备和工具，应经常检查，防止吊绳等断裂下坠发生危险。如果机器设备不能用不发生火花的金属制造，应当使其在真空中或惰性气体中操作。

在爆炸危险环境中，机件或运转部分应用不发生火花的有色金属材料（如铜、铝）制造。机器的轴承等转动部分，应有良好的润滑，并经常清除附着的可燃物污垢。地面应铺沥青、菱苦土等较软的材料。

3. 电气设备

电气设备或线路出现危险温度、电火花和电弧时，就成为引起可燃气体、蒸气和粉尘着火爆炸的一个主要点火源。为避免电气点火源的出现，必须做到：电气设备的电压、电流、温升等参数不超过允许值，保持电气设备和线路绝缘能力以及连接良好；电气设备和电线的绝缘，不得受到生产过程中产生的蒸气及气体的腐蚀；在运行中，应保持设备及线路各导电部分连接的可靠，活动触头的表面要光滑，并要保证足够的触头压力；固定接头时，特别是铜、铝接头要接触紧密，保持良好的导电性；可拆卸的连接应有防松措施；铝导线间的连接应采用压接、熔焊或钎焊，不得简单地采用缠绕接线；具有爆炸危险的厂房内，应根据危险程度的不同，采用防爆型电气设备和照明。

4. 静电放电

为防止静电放电火花引起燃烧爆炸，可根据生产过程中的具体情况采取如下几种措施。

（1）控制流速。流体在管道中的流速必须加以控制，例如易燃液体在管道中的流速不宜超过 5m/s，可燃气体在管道中的流速不宜超过 8m/s。灌注液体时，应防止产生液体飞溅和剧烈的搅拌现象。向储罐输送液体的导管，应放在液面之下或使液体沿容器的内壁缓慢流下。易燃液体灌装结束时，不能立即进行取样等操作，因为在液面上积聚的静电荷不会很快消失，易燃液体蒸气也比较多，因此应经过一段时间再进行操作。

（2）保持良好接地。下列生产设备应有可靠的接地装置：输送可燃气体和易燃液体的管道以及各种阀门、灌油设备和油槽车（包括灌油桥台、铁轨、油桶、加油用鹤管和漏斗等）；通风管道上的金属网过滤器；生产或加工易燃液体和可燃气体的设备；输送可燃粉尘的管道和产生粉尘的设备以及其他能够产生静电的生产设备。为消除各部件的电位差，可采用等电位连接措施，如在管道法兰之间加装跨接导线。

（3）采用静电消散技术。流体在管道输送过程中，一般来说管道部分是产生静电的区域，管道末端的接收容器则是静电消散区域，如果在管道的末端加装一直径较大的"松弛容器"，可大大地消除流体在管内流动时所积累的静电。当液体输送管线上装有过滤器时，甲、乙类液体输送自过滤器至装料口之间应有 30s 的缓冲时间。如满足不了缓冲时间，可配置缓和器或采取其他防静电措施。

（4）人体静电防护。生产和工作人员应尽量避免穿化纤布料的易产生静电的工作服，而且为了导除人身上积累的静电，最好穿布底鞋或导电橡胶底胶鞋。工作地点宜采用水泥地面。

（5）其他防静电技术。在具有爆炸危险的厂房内，不允许采用平带传动，可以采用"V"带传动。采用带传动时，每隔 3~5 天在传动带上涂抹一次防静电涂料。电动机和设备之间用轴直接传动或经过减速器传动。

增大空气的湿度，也是防止静电的基本措施之一。当相对湿度在 65% 以上时，能防止静电的积累。对于不会因空气湿度大而影响产品质量的生产，可用喷水或喷水蒸气的方法增加空气湿度。

（三）爆炸控制

生产过程中，应根据可燃易燃物质的燃烧爆炸特性，以及生产工艺和设备等条件，采取有效措施，预防爆炸性混合物的生成。主要措施有：设备密闭、厂房通风、惰性气体保护、以不燃溶剂代替可燃溶剂、危险物品隔离储存等。

1. 惰性气体保护

用惰性气体取代空气，避免空气中的氧气进入系统，就消除了引发爆炸的一大因素，从而使爆炸过程不能形成。在化工生产中，采用的惰性气体有氮气、二氧化碳、水蒸气、烟道气等。如下情况通常需考虑采用惰性介质保护。

（1）可燃固体物质的粉碎、筛选及粉末输送时，用惰性气体进行覆盖保护。

（2）处理可燃易爆的物料系统，在进料前用惰性气体进行置换，以排除系统中原有的气体。

（3）将惰性气体用管线与火灾爆炸危险的设备、储槽等连接起来，在万一发生危险时使用。

（4）易燃液体利用惰性气体充压输送。

（5）有爆炸危险性的场所，对有可能引起火灾危险的电器、仪表等采用充氮正压保护。

（6）易燃易爆系统检修动火前，使用惰性气体进行吹扫置换。

（7）发现易燃易爆气体泄漏时，采用惰性气体冲淡。发生火灾时，用惰性气体进行灭火。

2. 系统密闭和正压操作

装盛易燃易爆介质的设备和管路，如果气密性不好，就会由于介质的流动性和扩散，造成跑、冒、滴、漏现象，在设备和管路周围空间形成爆炸性混合物。同理，当设备或系统处于负压状态时，空气就会渗入，使设备或系统内部形成爆炸性混合物。设备密闭不良是发生火灾和爆炸事故的原因之一。

易发生易燃易爆物质泄漏的部位有设备的转轴与壳体或墙体的密封处、设备的各种孔盖（人孔、手孔、清扫孔）及封头盖与主体的连接处，以及设备与管道、管件的连接处等。

当设备内部充满易爆物质时，要采用正压操作，以防外部空气渗入设备内。设备内的压力必须加以控制，不能高于或低于额定的数值。压力过高，轻则渗漏加剧，重则破裂导致大量可燃物质泄漏；压力过低，就有渗入空气、发生爆炸的可能。通常可设置压力报警器，在设备内压力失常时及时报警。

对爆炸危险性大的可燃气体（如乙炔、氢气等）以及危险设备和系统，在连接处应尽量采用焊接接头，减少法兰连接。

3. 厂房通风

要使设备达到绝对密闭是很难办到的，总会有一些可燃气体、蒸气或粉尘从设备、系统中泄漏出来，而且生产过程中某些工艺（如喷漆）会大量释放可燃性物质。因此，必须用通风的方法使可燃气体、蒸气或粉尘的浓度不致达到危险的程度，一般应控制在爆炸下限的 1/5 以下。

4. 以不燃溶剂代替可燃溶剂

以不燃或难燃的材料代替可燃或易燃材料，是防火防爆的根本性措施。因此，在满足生产工艺要求的条件下，应当尽可能地用不燃溶剂或火灾危险性小的物质代替易燃溶剂或火灾危险性较大的物质，这样可防止形成爆炸性混合物，为生产创造更为安全的条件。

5. 危险物品的储存

性质相互抵触的危险化学物品如果储存不当，往往会酿成严重的事故。例如，无机酸本身不可燃，但与可燃物质相遇能引起着火及爆炸；铝酸盐与可燃的金属相混时能使金属着火或爆炸；松节油、磷及某些金属粉末在卤素中能自行着火等。为防止在存储危险化学品时发生火灾和爆炸事故，相互抵触的危险化学品禁止一起储存。

6. 防止容器或室内爆炸的安全措施

（1）抗爆容器。抗爆容器是指在没有防护措施保护的情况下，能承受一定爆炸压力的容器或设备。若选择这种结构形式的设备在剧烈爆炸下没有被炸碎，而只产生部分变形，那么就达到了最重要的防护目的。

（2）爆炸卸压。通过固定的开口及时进行泄压，则容器内部就不会产生高爆炸压力，因此也就不必使用能抗这种高压的结构。把没有燃烧的混合物和燃烧的气体排放到大气里去，就可把爆炸压力限制在容器材料强度所能承受的数值。卸压装置可分为一次性装置（如爆破膜）和重复使用的装置（如安全阀）。

（3）房间泄压。它主要是用来保护容器和装置的，能使被保护设备不被炸毁。它可用卸压措施来保护房间，但不能保护房间里的人。这种情况下，房间内的设施必须是遥控的，并在运行期间严禁人员进入房间。一般可以通过窗户、外墙和建筑物的房顶来进行卸压。

7. 爆炸抑制

爆炸抑制系统由能检测初始爆炸的传感器和压力式的灭火剂罐组成。灭火剂罐通过传感装置动作，在尽可能短的时间内，把灭火剂均匀地喷射到应保护的容器里，爆炸燃烧被扑灭，控制住爆炸的发生。爆炸燃烧能自行进行检测，并在停电后的一定时间里仍能继续进行工作。

（四）防火防爆安全装置及技术

为防止火灾爆炸的发生，阻止其扩展和减少破坏，已研制出许多防火防爆和防止火焰、爆炸扩展的安全装置。防火防爆安全装置可以分为阻火隔爆装置与防爆泄压装置两大类。

1. 阻火隔爆技术

阻火隔爆是通过某些隔离措施防止外部火焰窜入可燃爆炸物料的系统、设备、容器及管道内，或者阻止火焰在系统、设备、容器及管道之间蔓延。按照作用机理，可分为机械隔爆和化学抑爆两类。机械隔爆是依靠某些固体或液体物质阻隔火焰的传播；化学抑爆主要是通过释放某些化学物质来抑制火焰的传播。

机械阻火隔爆装置主要有阻火器、主动式隔爆装置和被动式隔爆装置等。其中阻火器装于管道中，形式最多，应用也最为广泛。

（1）阻火器。工业阻火器分为机械阻火器、液封和料封阻火器。工业阻火器常用于阻止爆炸初期火焰的蔓延。一些具有复合结构的机械阻火器也可阻止爆轰火焰的传播。

（2）主动式隔爆装置。主动式（监控式）隔爆装置由一灵敏的传感器探测爆炸信号，经放大后输出给执行机构，控制隔爆装置喷洒抑爆剂或关闭阀门，从而阻隔爆炸火焰的传播。

（3）被动式隔爆装置。被动式隔爆装置是由爆炸波来推动隔爆装置的阀门或闸门来阻隔火焰。

（4）其他阻火隔爆装置

①单向阀。单向阀的作用是仅允许气体或液体向一个方向流动，遇到倒流时即自行关闭，从而避免在燃气或燃油系统中发生液体倒流，或高压窜入低压造成容器管道的爆裂，或发生回火时火焰倒吸和蔓延等事故。

②阻火阀门。阻火阀门是为了阻止火焰沿通风管道或生产管道蔓延而设置的阻火装置。在正常情况下，阻火闸门受环状或者条状的易熔金属的控制，处于开启状态。一旦着火，温度升高，易熔金属立即会熔化，此时闸门失去控制，受重力作用自动关闭，将火阻断在闸门一边。

③火星熄灭器（防火罩、防火帽）。在可能产生火星设备的排放系统，如汽车、拖拉机的尾气排放管上等，安装火星熄灭器，用于防止飞出的火星引燃可燃物料。

烟气由管径较小的管道进入管径较大的火星熄灭器中，气流由小容积进入大容积，致使流速减慢、压力降低，烟气中携带的体积、质量较大的火星就会沉降下来，不会从烟道飞出；在火星熄灭器中设置网格等障碍物，将较大、较重的火星挡住，或者采用设置旋转叶轮等方法改变烟气流动方向，增加烟气所走的路程，以加速火星的熄灭或沉降；用喷水或通水蒸气的方法熄灭火星。

（5）化学抑制防爆装置。化学抑爆是在火焰传播显著加速的初期通过喷洒抑爆剂来抑制爆炸的作用范围及猛烈程度的一种防爆技术。它可用于装有气相氧化剂中可能发生爆燃的气体、油雾或粉尘的任何密闭设备。例如，加工设备（如反应容器、混合器、搅拌器、研磨机、干燥器、过滤器及除尘器等）、储藏设备（如常压或低压罐、高压罐等）、装卸设备（如气动输送

机、螺旋输送机、斗式提升机等)、试验室和中间试验厂的设备
(如通风柜、试验台等) 以及可燃粉尘气力输送系统的管道等。

2. 防爆泄压技术

生产系统内一旦发生爆炸或压力骤增时,可通过防爆泄压
设施将超高压力释放出去,以减少巨大压力对设备、系统的破
坏。防爆泄压装置主要有安全阀、爆破片、防爆门等。

(1) 安全阀。当容器和设备内的压力升高超过安全规定的
限度时,安全阀即自动开启,泄出部分介质,降低压力至安全
范围内再自动关闭,从而实现设备和容器内压力的自动控制,
防止设备和容器的破裂爆炸。

(2) 爆破片 (又称防爆膜、防爆片)。爆破片是一种断裂
型的安全泄压装置,当设备、容器及系统因某种原因压力超限
时,爆破片即被破坏,使过高的压力泄放出来,以防止设备、
容器及系统受到破坏。爆破片的使用是一次性的,如果被破坏,
需要重新安装。

凡有重大爆炸危险性的设备、容器及管道,都应安装爆
破片。

第五章　劳动防护

第一节　劳动保护用品

劳动保护用品是指劳动者在生产过程中为免遭或减轻事故伤害和职业危害的一种防御性装备，由个人随身穿（佩）戴。

一、个人防护措施

个人防护措施主要是指对头、面、眼睛、耳、呼吸道、手、脚、躯干等方面的人身保护。主要的作用是防尘、防毒、防噪声、防高温辐射（包括防烧灼、防红外线和紫外线辐射）、防放射性、防机械外伤和脏污等，如图 5-1 所示。

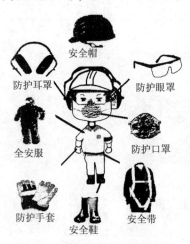

安全帽
防护耳罩
防护眼罩
全安服
防护口罩
防护手套
安全鞋
安全带

图 5-1　个人防护措施

二、劳动保护用品

常见个人劳动保护用品的种类和用途如表 5-1 所示。

表 5-1　常见个人劳动保护用品的种类和用途

序号	种类	名称	图示
1	头部防护	安全帽	
		工作帽	
2	眼部防护	焊帽	
		防护眼镜	
3	耳部防护	耳罩	
		耳塞	

（续表）

序号	种类	名称	图示
4	呼吸道防护	防尘口罩	
		空气呼吸器	1-面罩； 2-系带； 3-导气管； 4-呼气阀； 5-调节器； 6-高压瓶
5	手部防护	防渗透手套	
		线手套 布手套	
		电焊手套	
		短皮手套	

（续表）

序号	种类	名称	图示
6	躯干防护	工作服	
		化学品防护服	
7	脚部防护	安全鞋	
		防水胶靴	
		绝缘鞋	
8	防坠落	安全带	

三、劳动保护用品的选用

防护用品应符合 GB 11651《劳动防护用品选用规则》，GB/T
18664《呼吸防护用品的选择、使用与维护》的要求，如表 5-2
所示。

表 5-2　劳动防护用品的选用、佩戴要求

生产类型	工序	应选用、佩戴的防护用品
机械加工 钢结构制造 船舶制造	锯割、锤击（产生噪声）	塞栓式耳塞或耳罩
	焊接	焊接防护服、电焊手套、防尘口罩、焊接眼护具
	除旧漆、喷漆	防护服、护发帽、防渗透手套、防毒面具、眼护具
	高处作业	安全带
	金属打磨	防尘口罩、防冲击眼护具
木制产品制造	锯、刨、铣、磨	防尘口罩、塞栓式耳塞或耳罩
	干式手工打磨	防尘口罩、护发帽
	擦色、调漆、喷漆	液态化学品防护服、防渗透手套、护发帽、防毒面具
印刷业	印刷、折页、胶订、裁切	耳塞或耳罩
	调墨、印刷、清洗油墨	防毒面具
	胶订	防烟尘口罩
	显影、调墨、清洗墨辊	防化学品手套

（续表）

生产类型	工序	应选用、佩戴的防护用品
汽车维修	修复部位（部件）表面、清除油漆、铲除、脱漆	防尘口罩、护发帽
	表面磨光	防尘口罩、护发帽
	钣金、电气焊	塞栓式耳塞或耳罩、焊接工作服、焊工手套、防尘口罩、焊接眼护具
	喷漆、底漆、中间漆层、面漆	液态化学品防护服、防渗透手套、护发帽、防毒面具、眼护具
石材加工	切割、异型加工打磨、抛光	防尘口罩、塞栓式耳塞或口罩、护发帽
	水切、打磨、抛光	防水胶靴

四、使用个人防护用品应注意的问题

1. 选择个人劳动保护用品时，不仅要注意防护效果，还应考虑是否合理、便于利用。

2. 选用符合质量要求的用品，不可选错。

3. 使用前应进行教育和培训，充分了解使用的目的和意义，认真使用。

4. 对结构或使用方法较复杂的用品，如呼吸防护器，应进行反复训练，达到相应的熟练程度，使员工能既正确又快速地加以使用。

5. 对紧急救助的呼吸器，应严格检验，并妥善存放在可能发生事故的临近地点，便于使用。

6. 对个人防护用品，应注意用品的维护、保养，不但能延长使用期限，更重要的是能保证用品的防护效果。

口罩、面具等用品，在使用后应用肥皂、清水清洗，并用药液消毒后晾干。防止皮肤污染的工作服使用后应集中洗涤。净化式呼吸防护器的滤料要定期更换，以防失效。

7. 防护用品应设专人管理，负责维护、保养。

第二节　劳动环境保护

一、生产性毒物的危害及预防

（一）生产性毒物的产生

在生产过程中使用或产生的各种对人体有害的化学毒物称为生产性毒物。生产性毒物可能存在于生产过程的各个环节，生产中的原料、辅料、半成品、成品、副产品、废弃物等，都可能是生产性毒物的来源。

（二）生产性毒物对人体的危害

1. 毒物对人体危害的范围

生产性毒物可经皮肤、呼吸道或消化道进入人体，损害几乎所有的人体组织和器官，导致多种疾病甚至造成急性中毒死亡，而且有些可产生遗传后果。

（1）神经系统：慢性中毒早期常见神经衰弱综合征和精神症状，一般为功能性改变，脱离接触后可逐渐恢复，铅、锰中毒可损伤运动神经、感觉神经，引起周围神经炎。震颤常见于锰中毒后遗症或急性一氧化碳中毒后遗症。重症中毒时可引发脑水肿。

（2）呼吸系统：一次吸入某些气体可引起窒息，长期吸入刺激性气体能引起慢性呼吸道炎症，可出现鼻炎、咽炎、气管炎等上呼吸道炎症。吸入大量刺激性气体可引起严重的呼吸道病变，如化学性肺水肿和肺炎。

（3）血液系统：许多毒物对血液系统能够造成损害。根据不同的毒物作用，常表现为贫血、出血、溶血、高铁血红蛋白以及白血病等。铅可引起低血色素贫血。苯及三硝基甲苯等毒物可抑制骨髓的造血功能，表现为白细胞和血小板减少，严重者可发展为再生障碍性贫血。一氧化碳与血液中的血红蛋白结合可形成碳氧血红蛋白，使组织缺氧。

（4）消化系统：汞盐、砷等毒物经口进入人体时，可出现腹痛、恶心、呕吐与出血性肠胃炎。铅及铊中毒时，可出现剧烈、持续性的腹绞痛，并有口腔溃疡、牙龈肿胀、牙齿松动等症状。长期吸入酸雾，可导致牙釉质破坏、脱落，称为酸蚀症。吸入大量氟气，牙齿上将会出现棕色斑点，牙质脆弱，称为氟斑牙。许多损害肝脏的毒物如四氯化碳、溴苯、三硝基甲苯等，可引起急性或慢性肝病。

（5）泌尿系统：汞、铀、砷化氢、乙二醇等可引起中毒性肾病。如急性肾功能衰竭、肾病综合征和肾小管综合征等。

（6）其他：生产性毒物还可引起皮肤、眼睛、骨骼病变。许多化学物质可引起接触性皮炎、毛囊炎。接触铬、铍的工人，皮肤易发生溃疡，如长期接触焦油、沥青、砷等可引起皮肤黑变病，并可诱发皮肤癌。酸、碱等腐蚀性化学物质可引起刺激性眼炎，严重者可引起化学性灼伤。溴甲烷、有机汞、甲醇等中毒，可导致视神经萎缩，以至失明。有些工业毒物还可诱发白内障。

2. 职业中毒的类型

职业中毒是指在劳动生产过程中，由于接触生产性毒物而引起的中毒，称为职业中毒。

按接触毒物时间的长短、剂量大小和发病缓急的不同，职业中毒表现为急性、亚急性和慢性3种类型。

（1）急性中毒：短时间内大量毒物侵入人体引起的中毒称为急性中毒。

（2）慢性中毒：长期吸收小剂量毒物引起的中毒称为慢性中毒。

（3）亚急性中毒：介于急性中毒和慢性中毒之间的，在较短时间内吸收较大剂量毒物引起的中毒称为亚急性中毒。

3. 常见的职业中毒

常见的职业中毒包括：

（1）一氧化碳中毒。熔炼金属过程中，可发生一氧化碳中毒。

（2）苯中毒。喷涂所使用的油漆中含有苯，如果通风不良或无吸尘吸毒装置，容易造成苯中毒。

（三）预防措施

1. 消除毒物

从生产工艺流程中消灭有毒物质，用无毒物或低毒物代替有毒原料，改革能产生有害因素的工艺过程，改造技术设备，实现生产的密闭化、连续化、机械化和自动化，使作业人员脱离或减少直接接触有害物质的机会。

2. 控制有害物质逸散

密闭、隔离有害物质污染源，对逸散到作业场所的有害物质采取通风措施，控制有害物质的飞扬、扩散。

3. 加强个人防护

在存在有毒有害物质的作业场所作业，应使用防护服、防护面具、防毒面罩、防尘口罩等个人防护用具品及用具。

4. 提高机体抗御力

对于在有害物质作业场所作业的人员，应享受必要的保健待遇，并且作业人员应加强营养和锻炼。

5. 加强对有害物质的监测

控制有害物质的最高浓度，使之低于国家有关标准。

6. 加强健康检查

对接触有害物质的人员定期进行健康检查，必要时实行转岗、换岗作业。

7. 加强对有毒有害物质及预防措施的宣传教育

建立健全安全生产责任制、卫生责任制和岗位责任制。

二、生产性粉尘的危害及预防

粉尘是长时间飘浮于空气中的固体颗粒。在生产过程中产生的粉尘称为生产性粉尘。

（一）生产性粉尘的产生

在生产过程中，产生粉尘的作业很多，主要有型砂调制、制型、铸件打箱和清理作业，机加工的打磨作业，焊接作业，煤传输和加热作业等。

（二）生产性粉尘的危害

1. 对人体的危害

长期接触生产性粉尘的作业人员，因吸入粉尘，使肺内粉尘的积累逐渐增多，当达到一定数量时即可引发尘肺病。尘肺是生产性粉尘对人体最主要的危害之一，长期吸入游离二氧化硅粉尘可引发硅肺，长期吸入金属性粉尘如锰尘等，可引发锰等各种金属肺；长期接触生产性粉尘还可引发鼻炎、咽炎、支气管炎等呼吸道疾病以及皮肤黏膜损害、皮疹、皮炎、结膜炎。吸入有害物质粉尘还可引起急性或慢性职业中毒，例如，焊接作业长期吸入锰尘，可引发锰中毒，铅熔炼作业人员易引发铅中毒等。

2. 对生产的危害

作业场所空气中的粉尘附着于高级精密仪器、仪表，可使这些设备的精确度下降；附着于机器设备的传动、运转部位，会使磨损加剧，使设备使用寿命缩短；粉尘可以使某些化工产品、机械产品、电子产品，如油漆、胶片、微型轴承、电动机、集成电路等质量下降；使人在生产过程中视线受影响，降低工作效率。

3. 对环境的危害

飘浮于空气中的粉尘可使其他有害物质附着于其上，形成严重的大气污染。被生物体吸入可引起各种疾病；文物、古迹、建筑物表面会被腐蚀、污染。另外，大量粉尘悬浮于空气中，可降低大气的可见度，促使烟雾形成，使太阳的热辐射受到影响。

4. 对经济效益的影响

主要表现为使产品质量降低，产品合格率降低；因机器、设备使用寿命缩短，使固定资产投入增加，产品成本上升，市场竞争力减弱；使因粉尘而导致的职业病病人丧失工作能力，医药费用、护理费用、保健福利性费用支出增加；在高浓度粉尘作业场所工作，操作者对健康的担心会使心理负担加重，较之正常情况下较早地失去工作能力，使企业培养技术人员周期加快，培训费用投入增大，同时造成劳动生产率的不稳定。

(三) 防尘措施

1. 工艺改革

以低粉尘、无粉尘物料代替高粉尘物料，以不产尘设备、低产尘设备代替高产尘设备是减少或消除粉尘污染的根本措施。

2. 密闭尘源

使用密闭的生产设备或者将敞口设备改成密闭设备，这是防止和减少粉尘外逸，减少作业场所空气污染的重要措施。

3. 通风排尘

设备无法密闭或密闭后仍有粉尘外逸时，要采取通风的方法，将产尘点的含尘气体直接抽走，确保作业场所空气中的粉尘浓度符合国家卫生标准。

4. 个人防护措施

在粉尘无法控制或在高浓度粉尘环境中作业时，必须合理、正确使用防尘口罩、防尘服等劳动防护用品及用具。

5. 卫生保健措施

定期对接尘人员进行体检，对从事特殊作业的人员应发放保健津贴，有作业禁忌证的人员不得从事接尘作业。

6. 维护检查

加强对在用的各种除尘设备的检查、维护，确保设备良好、高效运行。

三、生产性噪声的危害及预防

在生产中，由于机器转动、气体排放、工件撞击与摩擦等所产生的噪声称为生产性噪声。噪声对人体也会产生危害，从业人员在生产作业过程中会受到生产性噪声的侵害。因此，掌握一些噪声的知识，有利于保障从业人员的健康。

(一) 生产性噪声的分类和危害

1. 噪声的分类

(1) 空气动力性噪声，如各种风机噪声、燃气轮机噪声、高压排气锅炉放空时产生的噪声。

(2) 机械性噪声，如织布机噪声、球磨机噪声、剪板机噪声、机床噪声等。

(3) 电磁性噪声，如发电机噪声、变压器噪声等。

2. 噪声对人体的危害

(1) 损害听觉。短时间暴露在噪声中，可引起以听力减弱、听觉敏感性下降为主要表现特征的听觉疲劳。长期在高强度噪声环境中作业，可引起永久性耳聋。

(2) 引起各种病症。长时间接触高声级噪声，除会引起职业性耳聋外，还可引发消化不良、食欲不振、恶心、呕吐、头痛、心跳加快、血压升高、失眠等全身性病症。

（3）引起事故。强烈噪声可导致某些机器、设备、仪表的损坏或精确度下降；在某些场所，强烈的噪声可掩盖警告声响，引起设备损坏或人员伤亡事故。

3. 产生噪声的主要场所

铸造车间、锻造车间、打磨车间、冲压车间等，这些车间的噪声一般都比较高，超过了 85 分贝。

（二）预防噪声危害的措施

1. 消声

控制和消除噪声源是控制和消除噪声的根本措施，改革工艺过程和生产设备，以低声或无声设备或工艺代替产生强噪声的设备和工艺，使噪声源远离工人作业区和居民区均是控制噪声的有效手段。

2. 控制噪声的传播

用吸声材料、吸声结构和吸声装置将噪声源封闭，防止噪声传播，常用的吸声装置有隔声墙、隔声罩、隔声地板、隔声门窗等。用吸声材料铺装室内墙壁或悬挂于室内空间，可以吸收辐射和反射的声能，降低传播中噪声的强度。常用的吸声材料有玻璃棉、矿渣棉、毛毡、泡沫塑料、棉絮等。合理规划厂区、厂房，在有强烈噪声的生产作业场所周围，应设置良好的绿化防护带，车间墙壁、顶面、地面等应设吸声材料。

3. 采取合理的防护措施

合理使用耳塞。根据耳道大小选择合适的耳塞，可使噪声声级降低 30~40 分贝，对高频噪声的阻隔效果更好。

合理安排工作时间。在工作中穿插休息时间，在休息时间离开噪声环境，限制噪声环境中的工作时间，均可减轻噪声对人体的危害。

4. 卫生保健措施

接触噪声的人员应进行定期体检。以听力检查为重点，对于已出现听力下降者，应加以治疗和观察，重患者应调离原工作岗位。就业前体检或定期体检中发现有明显的听觉器官疾病、心血管病、神经系统器官性疾病者，不得参加需接触强烈噪声的工作。

四、振动作业的危害及预防

在生产过程中，按振动作用于人体的方式，可将其分为局部振动和全身振动。有些工种所受的振动以局部振动为主，有些工种所受的振动以全身振动为主，有些工种作业则同时受两种振动的作用。局部振动是生产中最常见和危害性较大的振动。

（一）生产性振动源及其危害

1. 生产性振动源

在生产过程中，由于设备运转、撞击或运输工具行驶等产生的振动称为生产性振动。生产过程中经常接触的振动源有：

（1）捶打工具。如锻造机、冲压机、空气锤等。

（2）电动工具。如电钻、冲击钻、砂轮、电锤等。

2. 生产性振动对人体的危害

（1）局部振动对人体的危害：

①神经系统。表现为大脑皮层功能下降，条件性反射潜伏期延长或缩短，皮肤感觉迟钝，触觉、温热觉、痛觉、振动觉功能下降等。

②心血管系统。出现心动过缓、窦性心律不齐、传导阻滞等病症。

③肌肉系统。出现握力下降、肌肉萎缩、肌纤维颤动和疼痛等症状。

④骨组织。可引起骨和关节改变，出现骨质增生、骨质疏

松、关节变形、骨硬化等病症。

⑤听觉器官。表现为听力损失和语言能力下降。

（2）全身振动对人体的危害

全身振动常引起足部周围神经和血管变化，出现足痛、易疲劳、腿部肌肉触痛等病症。还常引起脸色苍白、出冷汗、恶心、呕吐、头痛、头晕、食欲不振、胃机能障碍、肠蠕动不正常等病症。

（二）防止振动危害的措施

1. 局部振动的减振措施

（1）改革工艺。用液压机、焊接和高分子粘连工艺代替铆接工艺，用液压机代替锻压机等可以大大减少振动的发生源。

（2）改革工作制度，专人专机，合理使用减振劳动防护用品。

（3）建立合理的劳动制度，限制作业人员每日接触振动的时间。

2. 全身振动的减振措施

（1）在有可能产生较大振动设备的周围设置隔离地沟，衬以橡胶、软木等减振材料，以确保振动不外传。

（2）对振动源采取减振措施，如用弹簧等减振阻尼器，减小振动的传递距离；给汽车等运输工具的座椅加泡沫垫等，以减弱运行中由各种振源传来的振动。

（3）利用尼龙机件代替金属机件，可降低机器的振动。

（4）及时检修机器，可以防止因零件松动而引起的振动，消除机器运行中的空气流和涡流等也可减小振动。

五、高温作业的危害及预防

工作地点气温在30℃以上、相对湿度为80%以上的作业，或工作地点气温高于夏季室外通风设计气温2℃以上，且伴有强烈热辐射的作业，均属于高温强热辐射作业。

（一）高温作业及对人体的危害

1. 高温源

在机械制造行业的某些生产工艺中，由于需要提供热源才能生产，因此产生了高温作业。产生高温的作业场所有：铸造车间、锻造车间、热处理车间。

2. 高温作业对人体的危害

（1）对循环系统的影响。高温作业时，皮肤血管扩张，大量出汗使血液浓缩，易使心脏活动增加、心跳加快、血压升高、心血管负担增加。

（2）对消化系统的影响。高温对唾液分泌有抑制作用，并可使胃液分泌减少，胃蠕动减慢，造成食欲不振；大量出汗和氯化物的丧失，也可使胃液酸度降低，易造成消化不良。此外，高温可使小肠的运动减慢，形成其他胃肠道疾病。

（3）对泌尿系统的影响。高温下，人体的大部分体液由汗腺排出，从而使尿液浓缩，肾脏负担加重。

（4）神经系统。在高温及热辐射作用下，肌肉的工作能力、动作的准确性、协调性、反应速度及注意力均会降低。

（二）防暑降温的主要措施

1. 宣传教育

教育员工遵守高温作业安全规程和卫生保健制度。

2. 制定合理的劳动休息制度

高温下作业应尽量缩短工作时间，可采取实行小换班、增加工作休息次数、延长午休时间等方法。休息地点应远离热源，并应备有清凉饮料、风扇、洗澡设备等。有条件的可在休息室安装空调或采取其他防暑降温措施。

3. 改革工艺过程

合理设计或改革生产工艺过程，改进生产设备和操作方法，尽量实现机械化、自动化、仪表控制，消除高温和热辐射对人体的危害。

4. 隔热

以水隔热效果最好，能最大限度地吸收辐射热。利用石棉、玻璃纤维等导热系数小的材料包敷热源也有较好的隔热效果。

5. 通风

利用自然通风或机械通风的方法，交换车间内外的空气。

6. 供给含盐饮料

在高温作业时，作业人员要饮用足量合乎卫生要求的含盐饮料，以补充人体所需的水分和盐分。

7. 发放保健食品

高温环境下作业，能量消耗增加，应相应地增加蛋白质、热量、维生素等的摄入，以减轻疲劳，提高工作效率。

8. 加强个人防护

高温作业的工作服应结实、耐热、宽大、便于操作，应按不同作业需要，及时供给工作帽、防护眼镜、隔热面罩、隔热靴等。

9. 医疗预防

高温作业人员应进行就业前和入暑前体检，凡患有心血管疾病、高血压、溃疡病、肺气肿、肝病、肾病等疾病的人员不宜从事高温作业。

六、电磁辐射的危害及预防

（一）电磁辐射的分类

电磁辐射以电磁波的形式在空间向四周传播，具有波的一般特征。电磁辐射的波谱很宽，按其生物学作用的不同，分为非电离辐射和电离辐射。

（1）非电离辐射。包括紫外线、可见光、红外线、激光和射频辐射。

（2）电离辐射。包括 X 射线、γ 射线等。波长越短，频率越高，辐射的能量越大，生物学作用越强。

（二）电磁辐射的危害

1. 非电离辐射

（1）射频辐射。一般来说，射频辐射对人体的影响不会导致组织器官的器质性损伤，主要引起功能性改变，并具有可逆性特征。在停止接触数周或数月后往往可恢复，但在大强度长期辐射作用下，对心血管系统的症候持续时间较长，并有进行性倾向。微波作业对健康的影响是出现中枢神经系统和植物神经系统功能紊乱，以及心血管系统的变化。

（2）红外线。红外线能引发白内障，灼伤视网膜。其影响在电气焊、熔吹玻璃、炼钢等作业工人中多有发生。红外线引起的职业性白内障已列入职业病名单。

（3）紫外线。强烈的紫外线辐射作用可引起皮炎，表现为弥漫性红斑，有时可出现小水疱和水肿，并有发痒、烧灼感。皮肤对紫外线的感受性存在明显的个体差异。除机体本身因素外，外界因素的影响会使敏感性增加。例如，皮肤接触沥青后经紫外线照射，能产生严重的光感性皮炎，并伴有头痛、恶心、体温升高等症状，长期受紫外线作用，可发生湿疹、毛囊炎、皮肤萎缩、色素沉着，甚至可诱发皮肤癌。作业场所比较多见的是紫外线对眼睛的损伤，即电光性眼炎。

（4）激光。激光对人体的危害主要是它的热效应和光化学效应造成的。激光对健康的影响主要是对眼部的影响和对皮肤造成损伤。被机体吸收的激光能量转变成热能，在极短时间内

（几毫秒）使机体组织局部温度升得很高（200~1 000℃）。机体组织内的水分受热时骤然汽化，局部压力剧增，使细胞和组织受冲击波作用，发生机械性损伤。

眼部受激光照射后，可突然出现眩光感，或眼前出现固定黑影，甚至视觉丧失。

2. 电离辐射

电离辐射又称放射线，是一切能引起物质电离的辐射的总称。人体在短时间内受到大剂量电离辐射会引起急性放射病。长时间受超剂量照射将引起全身性疾病，出现头昏、乏力、食欲消退、脱发等神经衰弱症候群。受大剂量照射，不仅当时机体产生病变，而且照射停止后还会产生远期效应或遗传效应，如诱发癌症、后代患小儿痴呆症等。

电离辐射引起的职业病包括：全身性放射性疾病，如急、慢性放射病；局部放射性疾病，如急、慢性放射性皮炎及放射性白内障；放射所致远期损伤，如放射所致白血病。

列为国家法定职业病的有急性、亚急性、慢性外照射放射病，外照射皮肤疾病和内照射放射病、放射性肿瘤、放射性骨损伤、放射性甲状腺疾病、放射性性腺疾病、放射性复合伤和其他放射性损伤 11 种。

（三）电磁辐射的防护

1. 非电离辐射的防护

（1）对高频电磁场的防护，可以用铝、铜、铁等金属屏蔽材料来包围场源以吸收或反射场能。

（2）对微波的防护，通常是敷设微波吸收器。同时，根据微波发射具有方向性的特点，作业人员的工作位置应尽量避开辐射流的正前方。

（3）对激光的防护，应将激光束的防光罩与光束制动阀及放大系统截断器连锁。同时，激光操作间采光照明要好，工作台表面及室内四壁应用深色材料装饰，室内不宜放置反射、折射光束的设备和物品。

2. 电离辐射的防护

（1）凡是接触电离辐射的新工人，一定要加强放射卫生防护的上岗培训。

（2）在保证应用效果的前提下，尽量选用危害小的辐射源或者封隔辐射源，提高接收设备灵敏度以减少辐射源的用量。

（3）采取包括屏蔽、加大接触距离、缩短接触时间等技术措施预防外照射危害。

（4）采用净化作业场所空气等办法，尽量减少或杜绝放射性物质进入人体内，避免造成内照射危害。

（5）佩戴并正确使用防护用品，主要是穿铜丝网制成的防护服，戴防护眼罩等。

七、现代办公条件引起的新型职业病

与办公条件引起的疾病跟职业病有所区别。广义地讲，职业病是指与工作有关，并直接与职业性有害因素有因果联系的疾病。与工作条件有关的疾病是一组与职业有关的非特异性疾病，它具有 4 层含义。

（1）与职业因素有关，但两者之间不存在直接因果关系，即职业因素不是唯一的病因。

（2）职业因素影响了健康，从而促进潜在疾病暴露或病情加剧恶化。例如，一氧化碳可使动脉壁胆固醇沉积增加，可诱发和加剧心绞痛和心肌梗死；紧张作业人群高血压患病率明显高于一般人群。

（3）调离该职业或改善工作条件可使该疾病缓解或停止发生。

（4）与工作有关的疾病不属于我国法定职业病范围，但它对工农业生产发展的影响不可忽视。

可见，与工作有关的疾病比职业病的范围更为广泛。常见的与工作有关的疾病包括：

（1）与职业有关的肺部疾病，如慢性支气管炎、肺气肿等；

（2）骨骼及原组织损伤，如腰背疼痛、肩颈疼痛等；

（3）与职业有关的心血管疾病，如接触二硫化碳、一氧化碳等化学物质导致通心病的发病率及病死率增加；

（4）生殖功能紊乱，如接触铅、汞及二硫化碳可导致早产及流产发生率增加；

（5）消化道疾病，如高温作业可导致消化不良及溃疡病的发生率增加。

此外，作用轻微的职业有害因素作用于肌体，有时虽不引起病理性损害，但可以产生体表的某些改变，如胼胝、皮肤色素增加等。这些改变在生理范围之内，故可视为机体的一种代偿或适应性变化，通常称为职业特征。

第六章　职业健康与安全

　　劳动生产是人类生存、发展和获得身心健康的必需条件之一，也是人类改造世界的基本方式。良好的劳动生产条件有利于劳动者的健康，不良的劳动生产条件则可损害劳动者的健康，重者可引起严重的疾病，其中包括各类职业病。为了防止劳动环境中的不利因素对劳动者健康的影响，人们必须对劳动环境中存在的各种有害因素进行识别、诊断、预测和控制。对已受到职业性有害因素影响的劳动者要进行早期检查、诊断和处理，使其尽早康复。

第一节　职业病的定义、分类、特点

一、职业病的定义

　　从医学的角度看，当职业性有害因素作用于人体的强度与时间超过一定限度时，人体不能代偿其所造成的功能性或器质性病理改变，从而出现相应的临床症状，影响劳动能力，这类疾病统称为职业病。职业病在我国《职业病防治法》中定义为："职业病是指企业、事业单位和个体经济组织的劳动者在职业活动中，因接触粉尘、放射性物质和其他有毒、有害物质等因素而引起的疾病。"可见，广义地讲职业性有害因素所引起的特定疾病称为职业病，但在立法意义上，职业病却有特定的范围，即指政府所规定的法定职业病。根据我国政府的规定，法定职业病的诊断须在专门的机构进行，凡诊断为法定职业病的必须向主管部门报告，而且凡属于法定职业病者，在治疗和休假期间及在确定为伤残或治疗无效死亡时，应按劳动保险条例有关规定给予劳保待遇。有的国家（如美国、日本、德国等）对患职业病的工人要给予经济上的补偿，故也称为赔偿性疾病。

二、职业病的分类

我国卫生部、劳动保障部于 2013 年新颁布的《职业病目录》将职业病分为 10 类 130 种。其中新增医护人员因职业暴露感染艾滋病等职业病 17 种，删除职业病 1 种。新增加的职业病包括：刺激性化学物质所致慢性阻塞性肺疾病，金属及其化合物粉尘肺沉着病（锡、铁、锑、钡及其化合物），硬金属肺病（如钨、钛、钴等），白斑，爆震聋，氯乙烯中毒，环氧乙烷中毒，铟及其化合物中毒，碘甲烷中毒，溴丙烷中毒，冻伤，激光所致眼（角膜、晶状体和视网膜）灼伤，医护人员因职业暴露感染艾滋病，β-萘胺所致膀胱癌，煤焦油、煤焦油沥青、石油沥青所致皮肤癌，毛沸石所致肺癌、胸膜间皮瘤，双氯甲醚所致肺癌。由于杀虫脒已经被禁止生产使用，职业病杀虫脒中毒在此次调整中删除。

职业病包括：职业性尘肺病 13 种及其他呼吸系统疾病 6 种；职业性皮肤病 9 种；职业性眼病 3 种；职业性耳鼻喉口腔病 4 种；职业性化学中毒 59 种；物理因素所致职业病 7 种；放射性职业病 11 种；职业性传染病 4 种；职业性肿瘤 12 种；其他职业病 2 种。为了及时掌握职业病的发病情况，做好职业病的预防工作，我国自 2012 年实施了新的《中华人民共和国职业病防治法》，同时，2013 年卫生部修订了《职业病诊断与鉴定管理办法》。在《职业病报告办法》中要求急性职业中毒和急性职业病在诊断后 24 h 以内报告，慢性职业中毒和慢性职业病在 15 天内会同有关部门进行调查，提出报告并进行登记。

第二节　职业病的鉴定

劳动者对职业病诊断有异议的，在接到职业病诊断证明书之日起 30 日内，可以向作出诊断的医疗卫生机构所在地设区的市级卫生行政部门申请鉴定。设区的市级卫生行政部门组织的职业病诊断鉴定委员会负责职业病诊断争议的首次鉴定。如对设区的市级职业病诊断鉴定委员会的鉴定结论不服的，在接到职业病诊断鉴定书之日起 15 日内，可以向原鉴定机构所在地省级卫生行政部门申请再鉴定。省级职业病诊断鉴定委员会的鉴定为最终鉴定。

省级卫生行政部门应当设立职业病诊断鉴定专家库，专家库专家任期 4 年，可以连聘连任。专家库由具备下列条件的人组成：具有良好的业务素质和职业道德；具有相关专业的高级卫生技术职务任职资格；具有 5 年以上相关工作经验；熟悉职业病防治法律规范和职业病诊断标准；身体健康，能够胜任职业病诊断鉴定工作。

职业病诊断鉴定委员会承担职业病诊断争议的鉴定工作。职业病诊断鉴定委员会由卫生行政部门组织。卫生行政部门可以委托办事机构承担职业病诊断鉴定的组织和日常性工作。职业病诊断鉴定办事机构的职责是：接受当事人申请；组织当事人或者接受当事人委托抽取职业病诊断鉴定委员会专家；管理鉴定档案；承办与鉴定有关的事务性工作；承担卫生行政部门委托的有关鉴定的其他工作。

参加职业病诊断鉴定的专家，由申请鉴定的当事人在职业病诊断鉴定办事机构的主持下，从专家库中以随机抽取的方式确定。当事人也可以委托职业病诊断鉴定办事机构抽取专家。职业病诊断鉴定委员会组成人数为 5 人以上单数，鉴定委员会设主任委员 1 名，由鉴定委员会推举产生。在特殊情况下，职业病诊断鉴定专业机构根据鉴定工作的需要，可以组织在本地区以外的专家库中随机抽取相关专业的专家参加鉴定或者函件咨询。职业病诊断鉴定委员会专家有下列情形之一的，应当回避：是职业病诊断鉴定当事人或者当事人近亲属的；与职业病诊断鉴定有利害关系的；与职业病诊断鉴定当事人有其他关系，可能影响公正鉴定的。

当事人申请职业病诊断鉴定时，应当提供以下材料：职业病诊断鉴定申请书；职业病诊断证明书；职业史、既往史；职业健康监护档案复印件；职业健康检查结果；工作场所历年职业病危害因素检测、评价资料；其他有关资料。职业病诊断鉴定办事机构应当自收到申请资料之日起 10 日内完成材料审核，对材料齐全的发给受理通知书；材料不全的，通知当事人补充。职业病诊断鉴定办事机构应当在受理鉴定之日起 60 日内组织鉴定。

鉴定委员会应当认真审查当事人提供的材料，必要时可以听取当事人的陈述和申辩，对被鉴定人进行医学检查，对场所进行现场调查取证。鉴定委员会根据需要可以向原职业病诊断机构调阅有关的诊断资料。鉴定委员会根据需要可以向用人单位索取与鉴定有关的资料，用人单位应当如实提供。对被鉴定人进行医学检查，对被鉴定人的工作场所进行现场调查取证等工作由职业病诊断鉴定办事机构安排、组织。职业病诊断鉴定委员会可以根据需要邀请其他专家参加职业病诊断鉴定。邀请的专家可以提出技术意见、提供有关资料，但不参与鉴定结论的表决。

职业病诊断鉴定委员会应当认真审阅有关资料，按照有关规定和职业病诊断标准，运用科学原理和专业知识，独立进行鉴定。在事实清楚的基础上，进行综合分析，做出鉴定结论，并制作鉴定书。鉴定结论以鉴定委员会成员的过半数通过。鉴定过程应当如实记载。职业病诊断鉴定书应当包括以下内容：劳动者、用人单位的基本情况及鉴定事由；参加鉴定的专家情况；鉴定结论及其依据，如果为职业病，应当注明职业病和名称、程度（期别）；鉴定时间。

参加鉴定的专家应当在鉴定书上签字，鉴定书加盖职业病诊断鉴定委员会印章。职业病诊断鉴定书应当于鉴定结束之日起 20 日内由职业病诊断鉴定办事机构发送当事人。职业病诊断鉴定过程应当如实记录，其内容应当包括：鉴定专家的情况；鉴定所用资料的名称和数目；当事人的陈述和申辩；鉴定专家的意见；表决的情况；鉴定结论；对鉴定结论的不同意见；鉴定专家签名；鉴定时间。

鉴定结束后，鉴定记录应当随同职业病诊断鉴定书一并由职业病诊断鉴定办事机构存档。职业病诊断、鉴定的费用由用人单位承担。

第三节　职业危害因素的种类

通常把在生产环境和劳动过程中存在的可能危害人体健康的因素，称为职业危害因素。职业病是指员工在生产劳动及其他职业活动中，接触职业危害因素而引起的疾病。

职业危害因素一般可以归纳为以下几个类型。

一、工作过程中产生的有害因素

（一）化学因素

1. 生产性毒物

生产性毒物主要包括铅、锰、铬、汞、有机氯农药、有机磷农药、一氧化碳、二氧化碳、硫化氢、甲烷、氨、氮氧化物等。接触或在这些毒物的环境中作业，可能引起多种职业中毒，如汞中毒、苯中毒等。

2. 生产性粉尘

生产性粉尘主要包括滑石粉尘、铅粉尘、木质粉尘、骨质粉尘、合成纤维粉尘。长期在这类生产性粉尘的环境中作业，可能引起各种尘肺，如石棉肺、煤肺、金属肺等。

（二）物理因素

1. 异常气候条件

异常气候条件主要是指生产场所的气温、湿度、气流及热辐射。在高温和强烈热辐射条件下作业，可能引发热射病、热痉挛、日射病等。

2. 异常气压

高气压和低气压。潜水作业在高压下进行，可能引发减压病；高山和航空作业，可能引发高山病或航空病。

3. 噪声和振动

强烈的噪声作用于听觉器官，可引起职业性耳聋等疾病；长期在强烈振动环境中作业，会引起振动病。

4. 辐射线

辐射线是指在工作环境中存在的红外线、紫外线、X 射线、无线电波，可能引发放射性疾病。

（三）生物因素

附着于皮毛上的炭疽杆菌、蔗渣上的霉菌等。

二、工作组织中的有害因素

1. 工作组织和制度不合理。如不合理的作息制度等。
2. 精神（心理）性职业紧张。
3. 工作强度过大或生产定额不当。如安排的作业或任务与劳动者生理状况或体力不相适应。
4. 个别器官或系统过度紧张。如视力紧张等。

5. 长时间处于不良体位或使用不合理的工具等。

三、生产环境中的有害因素

1. 自然环境中的因素。如炎热季节的太阳辐射。

2. 厂房建筑或布局不合理。如有毒与无毒的工段安排在同一车间。

3. 工作过程不合理或管理不当所致环境污染。

第四节　职工的安全健康权益保障

一、劳动合同

职工在上岗前应和用人单位依法签订劳动合同，建立明确的劳动关系，确定双方的权利和义务。在签订劳动合同时应注意两方面的问题：第一，在合同中要载明保障职工劳动安全、防止职业危害的事项；第二，在合同中要载明依法为职工办理工伤社会保险的事项。

遇有以下合同不能签订。

（1）"生死合同"：在危险性较高的行业，用人单位往往在合同中写上一些逃避责任的条款，典型的如"发生伤亡事故，单位概不负责"。

（2）"暗箱合同"：这类合同隐瞒工作过程中的职业危害，或者采取欺骗手段剥夺职工的合法权利。

（3）"霸王合同"：有的用人单位与职工签订劳动合同时，只强调自身的利益，无视职工依法享有的权益，不容许职工提出意见，甚至规定"本合同条款由用人单位解释"等。

（4）"卖身合同"：这类合同要求职工无条件听从用人单位安排，用人单位可以任意安排加班加点，强迫劳动，使职工完全失去自由。

（5）"双面合同"：一些用人单位在与职工签订合同时准备了两份合同：一份合同用来应付有关部门的检查，另一份用来约束职工。·

二、劳动条件

为预防、控制和消除职业病危害，保护劳动者健康及其相关权益，用人单位必须建立健全职业安全健康制度，严格执行国家职业安全健康规程和标准，对劳动者进行职业安全健康教育，防止劳动过程中发生事故，减少职业危害。

职业安全健康设施必须符合国家规定的标准。

新建、改建、扩建工程的职业安全健康设施必须与主体工程同时设计、同时施工、同时投入生产和使用。

用人单位必须为劳动者提供符合国家规定的职业安全健康条件和必要的劳动防护用品，对从事有职业危害作业的劳动者应当定期进行健康检查。

三、体力劳动强度

《体力劳动强度分级》（GB 3869—1997）自 1998 年 1 月 1 日起正式实施，该标准是对劳动保护工作进行科学管理的一项基础标准，是确定体力劳动强度大小的根据。应用这一标准，可以明确职工承担的重点工种或工序的体力劳动强度，以便有重点、有计划地减轻职工的体力劳动强度，提高劳动生产率。

体力劳动强度的大小是以体力劳动强度指数来衡量的，体力劳动强度指数是由该工种的劳动时间、平均能量代谢率、体力劳动方式等因素构成的。体力劳动强度指数越大，体力劳动强度也越大；反之，体力劳动强度越小。

标准中规定：体力劳动强度指数小于 15，体力劳动强度为 I 级；大于 15 小于 20，为 II 级；大于 20 小于 25，为 III 级；大于 25，为 IV 级。

若需了解某工种劳动强度的大小，可申请当地劳动部门职业安全健康检测站进行实地测量和计算。

四、职业健康个体防护

在无法将作业场所中有害化学品的浓度降低到最高容许浓度以下时，职工就必须使用符合国家标准或行业标准的合适的个体防护用品。个体防护用品既不能降低工作场所中有害化学品的浓度，也不能消除工作场所的有害化学品，而只是一道阻止有害物进入人体的屏障。防护用品本身的失效就意味着保护屏障的消失。因此，个体防护不能被视为控制危害的主要手段，而只能作为一种辅助性措施。为了避免劳动者在生产过程中发生事故或减轻事故伤害程度，需要给劳动者配备合格的防护用品。

各类个体防护用品具有不同的功能，有眼睛保护、听力保护、呼吸保护、皮肤防护，以及防护服、安全带、保险带等常见的防护用具。所有防护设备，在使用前要根据制造商的说明进行检验。

第七章 应急救援

第一节 事故应急救援的概述

一、事故应急救援的基本任务

1. 立即组织营救受害人员，组织撤离或者采取其他措施保护危害区域内的其他人员。抢救受害人员是应急救援的首要任务。

2. 迅速控制事态，并对事故造成的危害进行检测、监测，测定事故的危害区域、危害性质及危害程度。及时控制住造成事故的危险源是应急救援工作的重要任务。

3. 消除危害后果，做好现场恢复。及时清理废墟和恢复基本设施，将事故现场恢复至相对稳定的状态。

4. 查清事故原因，评估危害程度。事故发生后应及时调查事故的发生原因和事故性质，评估出事故的危害范围和危险程度，查明人员伤亡情况，做好事故原因调查，并总结救援工作中的经验和教训。

二、关于应急救援的法律、法规要求

近年来，我国政府相继颁布的一系列法律、法规，如《安全生产法》《职业病防治法》《特种设备安全法》《危险化学品安全管理条例》《关于特大安全事故行政责任追究的规定》等，对危险化学品、特大安全事故、重大危险源等应急救援工作提

出了相应的规定和要求。

三、事故应急救援体系的基本构成

（一）组织体制

应急救援体系组织体制建设中的管理机构是指维持应急日常管理的负责部门；功能部门包括与应急活动有关的各类组织机构，如消防、医疗机构等；应急指挥是指在应急预案启动后，负责应急救援活动的场外与场内指挥系统；而救援队伍则由专业和志愿人员组成。

（二）运作机制

应急运作机制主要由统一指挥、分级响应、属地为主和公众动员这4个基本机制组成。

（三）法制基础应急有关的法规

可分为4个层次：由立法机关通过的法律，如《紧急状态法》《公民知情权法》《紧急动员法》等；由政府颁布的规章，如《应急救援管理条例》等；包括预案在内的以政府令形式颁布的政府法令、规定等；与应急救援活动直接有关的标准或管理办法等。

（四）保障系统

列于应急保障系统第一位的是信息与通信系统，构筑集中管理的信息通信平台是应急体系最重要的基础建设。

四、事故应急现场指挥系统的组织结构

现场指挥系统应该由以下核心应急响应职能部门组成：

（一）事故应急指挥官

事故应急指挥官负责现场应急响应所有方面的工作，包括确定事故应急目标及实现目标的策略；批准实施书面或口头的

事故应急行动计划；高效地调配现场资源；落实保障人员安全与健康的措施；管理现场所有的应急行动。

（二）行动部

行动部负责所有主要的应急行动，包括消防与抢险、人员搜救、医疗救治、疏散与安置等。所有的战术行动都依据事故应急行动计划来完成。

（三）策划部

策划部负责收集、评价、分析及发布事故应急相关的战术信息，准备和起草事故行动计划，并对有关的信息进行归档。

（四）后勤部

后勤部负责为事故的应急响应提供设备、设施、物资、人员、运输、服务等。

（五）资金（行政）部

资金（行政）部负责跟踪事故应急的所有费用并进行评估，承担其他职能未涉及的资金管理职责。

第二节　应急演练

一、应急演练的主要任务

应急演练是由多个组织共同参与的一系列活动，按照应急演练的各个阶段，可将演练前后应予完成的内容和活动分解并整理成20项单独的基本任务，如确定演练目标和演练范围，编写演练方案，确定演练现场规则，制定评价人员，安排后勤工作，记录应急组织的演练表现；编写书面评价报告和演练总结报告，评价和报告不足项补救措施，追踪整改项的纠正等。

二、对应急演练的结果的处理

应急演练结束后应对演练的效果做出评价，并提交演练报告，详细说明演练过程中发现的问题。按照对应急救援工作及时、有效性的影响程度，将演练过程中发现的问题作如下定义和处理：

（一）不足项

不足项是指演练过程中观察或识别出的应急准备缺陷，可能导致在紧急事件发生时，不能确保应急组织或应急救援体系有能力采取合理应对措施。不足项应在规定的时间内予以纠正。

（二）整改项

整改项是指演练过程中观察或识别出的，单独不可能在应急救援中对公众的安全与健康造成不良影响的应急准备缺陷。整改项应在下次演练前予以纠正。

（三）改进项

改进项是指应急准备过程中应予改善的问题。改进项不同于不足项和整改项，它不会对人员安全与健康产生严重的影响，视情况予以改进，不必一定要求予以纠正。

第三节 应急预案

一、事故应急预案

事故应急预案，又名"预防和应急处理预案""应急处理预案""应急计划"或"应急救援预案"，是事先针对可能发生的事故（件）或灾害进行预测，而预先制订的应急与救援行动，用以降低事故损失的有关救援措施、计划或方案。事故应急预案实际上是标准化的反应程序，以使应急救援活动能迅速、有序地按照计划和最有效的步骤来进行。

事故应急预案最早是为预防、预测和应急处理"关键生产装置事故""重点生产部位事故""化学泄漏事故"而预先制订的对策方案。应急预案有三个方面的含义，即事故预防、应急处理和抢险救援。

二、应急预案包括的文件体系

（一）一级文件——预案

它包含了对紧急情况的管理政策、预案的目标，应急组织和责任等内容。

（二）二级文件——程序

它说明某个行动的目的和范围。程序内容十分具体，例如该做什么、由谁去做、什么时间和什么地点等。它的目的是为应急行动提供指南，但同时要求程序和格式简洁明了，以确保应急队员在执行应急步骤时不会产生误解。格式可以是文字叙述、流程图表或是两者的组合等，应根据每个应急组织的具体情况选用最适合本组织的程序格式。

（三）三级文件——指导书

对程序中的特定任务及某些行动细节进行说明，供应急组织内部人员或其他个人使用。

（四）四级文件——对应急行动的记录

包括在应急行动期间所做的通信记录、每一步应急行动的记录等。

三、应急预案的编制程序

应急预案的编制应包括以下几个过程。

（一）成立工作组

结合本单位部门职能分工，成立以单位主要负责人为领导

的应急预案编制工作组，明确编制任务、职责分工、制订工作
计划。

（二）资料收集

包括相关法律、法规、应急预案、国内外同行业事故案例
分析、本单位技术资料等。

（三）危险源与风险分析

在危险因素分析及事故隐患排查、治理的基础上，确定本
单位的危险源、可能发生事故的类型和后果，进行事故风险分
析并指出事故可能产生的次生、衍生事故，形成分析报告、分
析结果作为应急预案的编制依据。

（四）应急能力评估

对本单位应急装备、应急队伍等应急能力进行评估。

（五）应急预案编制

编制过程中，应注重全体人员的参与和培训，使所有有关
人员均掌握危险源的危险性、应急处置方案和技能。应急预案
应充分利用社会应急资源，与地方政府预案、上级主管单位以
及相关部门的预案相衔接。

（六）应急预案的评审与发布

内部评审由本单位主要负责人组织有关部门和人员进行；
外部评审由上级主管部门或地方政府负责安全管理的部门组织
审查。评审后，按规定报有关部门备案，并经生产经营单位主
要负责人签署发布。

四、应急响应的功能和任务

应急响应包括应急救援过程中一系列需要明确并实施的核
心应急功能和任务，这些核心功能和任务具有一定的独立性，
但相互之间又密切联系，构成了应急响应的有机整体。应急响

应的核心功能和任务包括：接警与通知，指挥与控制，警报和紧急公告，通信，事态监测与评估，警戒与治安，人群疏散与安置，医疗与卫生，公共关系，应急人员安全，消防和抢险，泄漏物控制。

五、应急预案演练形式

（一）桌面演练

桌面演练是指由应急组织的代表或关键岗位人员参加的，按照应急预案及其标准工作程序，讨论紧急情况时应采取行动的演练活动。桌面演练的特点是对演练情景进行口头演练，一般是在会议室内举行。

（二）功能演练

功能演练是指针对某项应急响应功能或其中某些应急响应行动举行的演练活动，主要目的是测试应急响应功能。例如，指挥和控制功能的演练，检测、评价多个政府部门在紧急状态下实现集权式的运行和响应能力等。演练地点主要集中在若干个应急指挥中心或现场指挥部，并开展有限的现场活动，调用有限的外部资源。

（三）全面演练

全面演练指针对应急预案中全部或大部分应急响应功能，检验、评价应急组织应急运行能力的演练活动。全面演练一般要求持续几个小时，采取交互方式进行，演练过程要求尽量真实，调用更多的应急人员和资源，并开展人员、设备及其他资源的实战性演练，以检验相互协调的应急响应能力。

主要参考文献

刘博. 2014. 农村和外来务工人员安全生产教育读本 [M].
　北京：气象出版社.

农业部农业机械化管理司, 农业部农机监理总站. 2016. 农机
　安全生产知识 [M]. 乌鲁木齐：新疆科学技术出版社.

宋大成. 2019. 安全生产技术基础精讲精练 [M]. 北京：中
　国电力出版社.